# LES
# VINS DU RHÔNE

## CRUS PRINCIPAUX
## DU BEAUJOLAIS ET DU LYONNAIS

PAR

### J. DEVILLE
Directeur des Services Agricoles du Rhône

LYON
IMPRIMERIE A. REY
4, RUE GENTIL, 4
1914

# LES
# VINS DU RHÔNE

## CRUS PRINCIPAUX
## DU BEAUJOLAIS ET DU LYONNAIS

PAR

### J. DEVILLE
Directeur des Services Agricoles du Rhône

LYON
IMPRIMERIE A. REY
4, RUE GENTIL, 4
—
1914

# TABLE DES MATIÈRES

# BIBLIOGRAPHIE

V. Pulliat, les Mille Variétés.

V. Vermorel, Ampélographie universelle : Gamay Beaujolais.

J. Deville, J. Raulin, Carte agronomique du département du Rhône.

J. Deville, Léo Vignon, Carte agronomique du département du Rhône.

# LES VINS DU RHONE

## CRUS PRINCIPAUX DU BEAUJOLAIS ET DU LYONNAIS

Par l'importance de son vignoble et surtout par la qualité de ses vins, la France reste supérieure à tous les pays du monde.

Avant l'invasion phylloxérique, le précieux arbrisseau donnait toujours le bien-être et même la fortune dans les milieux où il mûrissait bien son fruit. Nous n'en donnerons pour preuve que la multitude des confortables et coquettes constructions qui s'élèvent de toutes parts dans le vignoble.

Leur aspect extérieur, autant que leur aménagement intérieur, le démontrent.

Depuis l'apparition du terrible insecte et l'extension des rots de tous ordres d'importation américaine, la culture de la vigne est devenue coûteuse, même onéreuse, ce qui décourage souvent le vigneron qui la cultive.

Heureusement que l'amour ardent qu'il professe pour « son vignoble » est sans limite et que la foi robuste qu'il a dans l'avenir le relient au vigneronnage où il est né et où il a grandi ; c'est pourquoi, malgré les mauvaises années, il recommence sans cesse avec la même vaillance à tailler, à piocher, à biner, etc., en un mot, à tout mettre en œuvre pour protéger « sa vigne » contre les multiples ennemis qui l'assaillent, espérant toujours une plus équitable rétribution de son opiniâtre travail.

-( 3 )-

# LES VINS DU RHONE

Au nombre des départements producteurs de très bons vins, il faut citer celui du Rhône, qui occupe, au triple point de vue géologique, orographique et climatologique, une situation toute spéciale.

Il peut être comparé à une sorte d'îlot privilégié par la nature, qui aurait émergé au centre même des trois grandes plaines du Forez, de l'Isère et de la Dombes.

Situé, au surplus, à la limite nord de l'hémisphère boréal, entre le 45° et le 46° de latitude, il jouit d'un climat tempéré éminemment favorable à la culture de la vigne.

Son territoire agricole, limité à l'ouest par l'arête d'origine primitive que forment les monts du Beaujolais et du Lyonnais, et incliné vers l'est, se trouve notablement abrité contre les vents froids de l'ouest. Il a subi, dans sa partie est notamment, des érosions et des mouvements nombreux qui ont donné naissance aux terres les plus diverses et les plus fertiles pour la vigne.

De cette arête primitive, orientée du nord au sud, se détachent de multiples ruisseaux et ruisselets qui ont creusé de nombreuses vallées d'une profondeur variable et bordées de superbes coteaux sur lesquels la vigne se plaît à serpenter et à étaler ses pampres verdoyants qui, à l'automne, se couvrent de belles grappes fournissant à la cuve un vin d'une remarquable finesse de sève, trop peu connu du public étranger au département du Rhône.

En effet, jamais à aucune époque les producteurs du Beaujolais et du Lyonnais n'avaient éprouvé la nécessité de faire connaître leurs excellents vins ; ils attendaient régulièrement la venue des négociants qui l'achetaient sur place et l'écoulaient ensuite à leur guise comme ils l'entendaient sans que le propriétaire s'inquiétât de savoir où allaient ses produits, par qui ils étaient consommés et comment ils étaient appréciés.

Il fallut la crise phylloxérique et, plus tard, la mévente pour le décider à prendre part aux diverses expositions organisées soit au Concours Général Agricole de Paris, soit dans certains centres par les Sociétés de Viticulture de Lyon, de Mâcon, etc.

Nous connaissons un grand nombre de riches producteurs qui récoltent dans les meilleurs crus les cuvées les plus délicates et qui n'en ont jamais exposé un seul échantillon.

Cette absence de publicité et de propagande fait que les vins du département du Rhône ne sont guère connus hors des frontières de la France et que les Lyonnais sont tout surpris, lorsqu'ils vont à l'étranger, de ne pas trouver dans les bons hôtels, sur la carte des vins qui leur est présentée, les bons crus du Rhône, à côté de ceux du Bordelais, de la Bourgogne, etc.

## ÉTENDUE DU VIGNOBLE DU RHONE. — RÉPARTITION DE LA VIGNE

L'étendue du vignoble du département du Rhône est actuellement de 38.676 hectares, répartis comme suit :

11.606 hectares dans l'arrondissement de Lyon ;
27.070    —         —    de Villefranche.

Si, dans l'arrondissement de Lyon, l'étendue en vigne est moindre que dans l'arrondissement de Villefranche, c'est que les arbres fruitiers y occupent une place prépondérante qui grandit d'année en année.

La production fruitière s'est, en effet, localisée dans la partie inférieure de la vallée de la Saône, sur les pentes formées par les contreforts des Monts d'Or, dans la vallée du Rhône et sur les coteaux qui bordent ces deux importants cours d'eau. Le fruit qu'on y récolte est de qualité supérieure, grâce au climat lyonnais et aux merveilleuses expositions qu'on y rencontre.

Il est extrêmement apprécié non seulement en France, mais à l'étranger, et on l'exporte dans toutes les directions. On le dirige en quantité considérable sur l'Angleterre, l'Allemagne du Nord, la Belgique, la Hollande, la Suisse et même la Norvège et la Russie.

Dans l'arrondissement de Villefranche la vigne est à peu près l'unique culture : elle occupe tout l'ancien

Beaujolais et y couvre les pentes et les coteaux. Le thalweg des vallées est tapissé par les prairies naturelles qu'arrosent les nombreuses sources et ruisseaux qui émergent de la chaîne principale des monts du Beaujolais.

Les multiples ondulations formées par les plissements du terrain constituent un panorama des plus beaux et des plus séduisants.

Le voyageur qui s'attarde le soir d'une des journées claires et limpides des mois de juillet, août et septembre, au sommet de l'un des nombreux points culminants des contreforts des monts du Beaujolais, est émerveillé par la riante et sinueuse nappe de verdure, qui se déroule devant lui à l'infini dans les directions de l'est et du sud-est.

Cette nappe de verdure formée par les pampres de la vigne est parsemée de multiples groupements d'arbres séculaires marquant la place d'anciens châteaux aux styles variés entourés de coquettes maisonnettes occupées par les vignerons.

De toutes parts, émergent des milliers d'habitations bourgeoises aux murs blanchis surmontés de toits rouges qui tranchent avec la teinte verte du fond.

De loin en loin, les villages et les hameaux, se profilant comme des silhouettes, occupent les points culminants ou paraissent suspendus aux flancs des coteaux surplombant les vallées fraîches et riantes au fond desquelles coulent les ruisseaux dont l'eau claire et limpide s'échappe de l'arête primitive des monts du Beaujolais que nous avons signalés. L'ensemble de ce paysage est vraiment enchanteur et merveilleux.

## CLASSEMENT DES VINS

Si dans la liste des départements producteurs de vin le vignoble du Rhône occupe le douzième rang par la surface plantée en vigne, il n'en est plus de même lorsqu'on examine la qualité et la finesse des vins qu'il produit.

Ceux-ci se placent immédiatement à côté des vins fins et bouquetés des meilleurs crus de la Bourgogne, du Bordelais et de la côte Chalonnaise.

Nous diviserons donc les crus du Lyonnais et du Beaujolais comme suit :

## VINS ROUGES

### Grands Crus.

| | | |
|---|---|---|
| Côte-Rôtie, Coteaux de la Blonde et de la Brune. | Fleurie { Moulin-à-Vent. Point-du-Jour. Moriers. Les Rochauds. | Brouilly-Saint-Lager. Juliénas. Chenas. Château de la Chassagne. |
| Morgon. | | |
| Brouilly-Odenas. | | |

### Grands Ordinaires.

| | | |
|---|---|---|
| Chiroubles. | Coteau de la Tour, le Bourg, le Buisard. | Theizé. |
| Regnié et Durette. | | Liergues (Côte de Challier). |
| Quincié. | Le Péréon. | Pommiers (Buisante). |
| Saint-Étienne-La-Varenne. | Vaux. | Anse. |

## VINS BLANCS *(Condrieu)*.

À côté de ces divers crus et des grands ordinaires que nous signalons, il y a encore d'excellentes cuvées d'une grande finesse de sève et d'une réelle valeur qu'il serait trop long d'énumérer.

Ajoutons que dans la plus grande partie des communes viticoles du canton de Beaujeu, de Belleville, du Bois-d'Oingt, d'Anse et de Villefranche, il existe des pentes reposant sur de très bons sols mieux ensoleillées que d'autres sur lesquelles la vigne produit un vin délicat, bouqueté, frais et digestif, d'une valeur élevée et égale aux grands ordinaires.

-( 7 )-

# ENCÉPAGEMENT DU VIGNOBLE DU RHONE

Toutes conditions de milieu et de sol restant les mêmes, on sait que l'influence du cépage sur la qualité du vin est considérable. Nous n'en donnerons pour preuve que le fait suivant : en 1889, à l'occasion de l'Exposition universelle de Paris, nous reçûmes d'un de nos camarades d'école habitant le Chili divers échantillons de vin récolté dans ce pays et produit par du Cabernet, cépage provenant du Bordelais.

A la dégustation, ce vin absolument parfait de finesse, de sève et de bouquet, ressemblait, en tous points, aux meilleurs vins de la Gironde fabriqués avec le même cépage.

Dans le département du Rhône, à côté des variétés de raisins cultivés pour l'approvisionnement du marché et pour la table, les cépages qui forment le fond des crus produisant les bons vins que nous signalons sont les suivants :

La sirah et le gamay pour les vins rouges, le viognier pour les vins blancs. Ce dernier entre aussi, pour une partie, dans la composition des excellentes cuvées de la Côte-Rôtie.

**Sirah**. — La sirah qui produit les grands vins de l'Hermitage, couvre les pentes très ensoleillées situées dans la commune d'Ampuis ; associée au viognier, elle donne le délicieux vin de Côte-Rôtie qui a une finesse de sève remarquable, et un bouquet spécial rappelant l'odeur de la violette.

De renommée très ancienne, le vin de Côte-Rôtie a été célébré au premier siècle de notre ère par Pline le Naturaliste ; par Columelle, agronome ; par le poète Martial, par Plutarque et, plus tard, jusqu'au xix* siècle, par une infinité d'écrivains et notamment par H. Décombes, Cochard, l'académicien Jules Janin et beaucoup d'autres encore.

La sirah est un cépage de deuxième époque, vigoureux et robuste, dont l'aire géographique est assez étendue. On la trouve dans la vallée du Rhône, dans l'Ardèche, la Drôme et, plus bas, dans le Vaucluse.

Elle couvre les beaux coteaux du cru de l'Hermitage dont le vin a une réputation mondiale.

-( 8 )-

C'est un cépage d'une bonne fertilité, mais qui veut être sélectionné judicieusement. Les yeux de la base des sarments étant moins fertiles que ceux qui sont situés vers le sommet, on doit lui appliquer une taille généreuse et laisser sur chaque cep une branche à bois qu'on taille sur deux yeux et une branche à fruit ou long bois. Cette dernière, recourbée vers la terre, est attachée à un petit échalas qui se fixe lui-même à un autre plus grand auquel est retenu le cep. La sirah s'accommode de tous les porte-greffes. Au début de la reconstitution, on a utilisé le viala et le riparia, mais celui de l'avenir sera le 3309 de Coudere, qui favorisera plus que tous les autres sa fructification. La sirah a un bourgeonnement légèrement duveteux avec liséré rouge vineux sur le pourtour des jeunes pousses. Ses feuilles d'un vert sombre sont moyennes et un peu duvetées sur le limbe inférieur ; les sinus supérieurs sont assez apparents, les inférieurs le sont moins ; le sinus pétiolaire est ouvert et la dentelure de la feuille bien marquée ; sa grappe, cylindro-conique peu serrée, porte des grains moyens, de forme ellipsoïde à chair ferme, juteuse, sucrée et bien relevée ; leur peau fine et résistante se couvre de pruine à la maturité.

Le vin de la sirah est un peu dur après sa fabrication, mais il s'améliore vite et, en vieillissant, il devient corsé, fin et délicat, il est de longue garde.

**Viognier.** — Le viognier qui produit le vin blanc de Condrieu est associé à la sirah dans une proportion donnée pour fournir l'excellent vin de Côte-Rôtie, c'est un cépage de deuxième époque fort ancien, son aire est restreinte, il est d'une grande rusticité et craint peu la sécheresse ; sa fertilité est moyenne et son rendement faible.

Son bourgeonnement porte un léger duvet, passant, du rose nuancé de gris, au blanc verdâtre. Ses feuilles, d'un joli vert clair, sont moyennes, glabres sur la face supérieure et légèrement tomenteuses sur la face inférieure et les nervures ; leurs sinus supérieurs sont profonds, celui du pétiole bien ouvert ; les dentelures sont peu larges et peu accusées mais assez aiguës ; la grappe du viognier est moyenne, cylindro-conique, un peu allongée, et parfois ailée avec pédoncule long : elle porte des grains, moyens à chair molle, bien juteuse et très relevée ; leur peau fine, mais résistante est d'un beau jaune doré à la maturité.

**Gamay.** — L'origine du gamay qui donne les excellents vins récoltés dans les crus de Moulin-à-Vent, Fleurie, Morgon, Brouilly, Lachassagne, Chenas, Juliénas, etc., est peu connue.

Il est à supposer que son introduction dans la région remonte au moment où la vigne fut plantée sur les flancs ensoleillés du Mont-d'Or lyonnais, vers l'an 281 de notre ère : ce fut l'empereur Probus qui, à la suite de multiples conquêtes, et, après avoir donné la paix à l'Empire, rendit aux Gaulois la liberté de multiplier le précieux arbrisseau que l'empereur Domitien avait prescrit de détruire deux siècles auparavant.

Du Mont-d'Or, le gamay dut successivement s'étendre et recouvrir les terres fertiles de la vallée de la Saône jusqu'en Bourgogne où il fut cultivé, jusqu'au moment où le duc Philippe le Hardi, surnommé le « Prince des bons vins », rendit un arrêt par lequel il ordonnait d'arracher le gamay dont le vin était, disait-il, de mauvaise qualité et nuisible à la santé.

Il est à supposer que, depuis cette époque, le gamay s'est notablement amélioré et que ses qualités se sont considérablement accrues ; car le vin qu'il donne aujourd'hui ne le cède en rien aux vins fins de Pinot récoltés sur la côte Chalonnaise et Bourguignonne.

Quelques écrivains ont émis l'opinion que le gamay pouvait bien être issu d'un semis quelconque trouvé dans le village de Gamay, localité de la Bourgogne.

Cette origine semble peu probable, tandis que la première paraît plus certaine.

Dans tous les cas, le gamay actuel est un cépage, rustique et fertile qui donne, dans les terres d'origine primitive et sédimentaire formant la base des sols du Beaujolais, un vin d'une finesse et d'une délicatesse telles qu'il n'a pas de rival.

*Aire*. — L'aire du gamay est considérable, et on le trouve dans un très grand nombre de départements du Centre et de l'Est de la France, où il couvre des surfaces plus ou moins grandes.

Dans le Beaujolais et le Lyonnais, il occupe une étendue supérieure à 25.000 hectares, mais c'est tout spécialement sur les pentes tournées au sud, au sud-est et à l'est du Haut-Beaujolais, formées par l'effritement des roches porphyroïques amphiboliques, les tufs orthophyriques, les schistes granulitiques, micacés et feldspathisés et les schistes amphiboliques riches en oxyde de fer, et autres éléments aimés de la vigne, que le gamay se plaît et qu'il produit le vin délicat que nous signalons. L'ancien gamay a été amélioré par la sélection... Plusieurs viticulteurs très observateurs ont créé des types d'une fertilité plus grande et d'une homogénéité de production plus constante que celle du gamay ancien.

Au nombre des sélectionneurs de la première heure, il faut citer M. Labronde, riche propriétaire, qui vivait à Pommiers vers l'an 1800.

M. Labronde possédait une treille complantée en gamay ; il observa que les fleurs des ceps qui la constituaient avaient régulièrement leurs fruits, quel que fût l'état de l'atmosphère, alors, qu'à côté, les ceps des vignes voisines coulaient plus facilement. Cette fertilité constante attira son attention, il multiplia les sarments et les propagea ensuite rapidement. Le procédé de sélection de M. Labronde fut suivi, vers 1820, par M. Picard, petit propriétaire à Blacé. M. Picard multiplia également les sarments d'une treille dont les ceps fournissaient régulièrement de beaux raisins notablement plus gros et mieux nourris que ceux des vignes du voisinage.

A la même époque, M. Nicolas, vigneron au bourg de Blacé, propageait les sarments de plusieurs ceps cultivés en treille et dont les raisins étaient annuellement très nombreux et de belle dimension. Un autre vigneron d'Anse, M. C. Chatillon, créa un type en choisissant dans ses vignes les sarments des ceps qui portaient avec régularité les plus beaux raisins.

A côté de ces sélectionneurs intelligents, citons encore M. Geoffray, qui créa le plant Geoffray ou plant de Vaux et MM. Charmetton, Monternier, Tondu, Magny, Guillin de Cercié, qui ont tous travaillé à l'amélioration du gamay.

Depuis cette époque, la sélection se pratique régulièrement. Les vignerons qui ont besoin d'un nombre donné de greffons pour la reconstitution de leurs vignes marquent, avant la vendange, dans les vignes de six à dix ans, les ceps, porteurs de beaux raisins, d'une maturité uniforme, à grains gros et moyennement serrés. Il faut, en effet, rejeter ceux dont les sarments portent des grappes trop serrées dans lesquelles la pourriture grise se propage avec une très grande rapidité.

*Culture.* — La conduite du gamay est simple, on le dirige généralement en souches basses formant un gobelet composé de six à huit coursons ; quelquefois, il est conduit en cordon sur fil de fer.

Doué d'une très grande fertilité, il exige la taille courte qui se pratique sur deux yeux seulement. La taille longue ne peut guère être appliquée que sur des ceps vigoureux plantés dans les sols riches et profonds et copieusement fumés ; quand on la pratique sur des souches de vigueur moyenne, elles s'épuisent rapidement, le bois reste court, et les grappes, quoique nombreuses, sont d'un poids réduit et portent des grains petits.

-( 11 )-

Avant l'invasion phylloxérique, le gamay se multipliait par boutures avec une très grande facilité. Aujourd'hui, toutes les plantations sont faites avec du plant greffé.

Quoique le gamay s'accommode de tous les porte-greffes, les deux qui ont été adoptés, dès le début, sont le viala et le riparia. Son affinité est plus grande pour le premier que pour le second, mais celui-ci le porte davantage au fruit.

Actuellement, ces deux anciens porte-greffes sont remplacés par les rupestris et les hybrides de rupestris. Le riparia×rupestris, 3309 de Couderc, nous semble le porte-greffe de l'avenir, il s'identifie fort bien avec le gamay, le porte au fruit, tout en lui imprimant une certaine vigueur.

## INFLUENCE DU GREFFAGE DU GAMAY SUR LA QUALITÉ DU VIN

Les détracteurs du greffage de la vigne ont écrit que la qualité des vins produits par les vignes greffées, sur racines résistant au phylloxera, était inférieure à la qualité des vins récoltés jadis sur la vigne franche de pied ce qui est une grande erreur et un discrédit immérité jeté sur un procédé de propagation de la vigne qui s'impose aujourd'hui, afin de pouvoir conserver la réputation des grands vins de France.

La valeur de ceux qui sont récoltés dans le vignoble du Rhône ne le cède en rien à celle de ceux récoltés antérieurement sur la vigne franche de pied. A maintes reprises, nos fonctions nous ont permis de le contrôler et nous affirmons qu'ils sont aussi délicats et que leur finesse de sève est la même qu'avant l'invasion phylloxérique.

## INFLUENCE DE L'EXPOSITION, DES ÉLÉMENTS CONSTITUTIFS DU TERRAIN ET DE LA FUMURE SUR LA QUALITÉ DU VIN

1° **L'exposition.** — L'exposition et la nature physique des éléments qui forment le sol ont une influence très grande sur la qualité du vin.

La vigne est, de toutes les plantes cultivées, la moins exigeante. Elle se développe dans tous les terrains, à la condition qu'ils soient perméables à l'air et à l'eau.

Avec ses longues et puissantes racines, elle pénètre parfois très avant dans le sous-sol et s'infiltre même avec aisance dans les anfractuosités des roches plus ou moins fendillées.

Nous avons maintes fois constaté qu'après avoir traversé des dépôts glaciaires presque uniquement composés d'un gravier grossier, ses racines allaient tapisser la roche primitive sur laquelle ces dépôts reposaient.

Mais, s'il est vrai que le précieux arbrisseau croît facilement dans tous les terrains, il ne faut pas oublier que son produit est constamment l'expression du milieu où il vit.

Par conséquent, toutes les fois que la vigne couvrira des sols dont la surface sera formée de débris rocheux, ou de cailloux plus ou moins roulés, qui emmagasineront durant le jour une somme de calories importante, son raisin sera plus mûr.

Il en sera de même quand le terrain inclinera vers l'est, le sud-est et le sud, sur lesquels les rayons solaires arrivent plus directement et réchauffent avec plus d'intensité la couche arable, ce qui hâte encore la maturité du raisin, le rend plus riche en sucre et lui fait donner à la cuve un vin plus alcoolique et plus complet.

2° **Eléments constitutifs du sol**. — La silice, l'argile, le calcaire et les oxydes de fer, de manganèse et autres, sont autant de facteurs qui influent sur la qualité du vin.

Lorsque ces divers éléments sont réunis dans des proportions convenables, le vin est complet, mais, dès que les proportions de l'un ou de l'autre se modifient, la nature du vin change, et c'est ce qui fait les crus.

*Silice.* — La silice donne au vin la finesse et le moelleux spécial qui caractérisent les vins récoltés sur les granits du Beaujolais, parfois très riches en silice.

Ces vins sont agréables à boire et se font rapidement peu après le décuvage, mais leur durée est limitée. Ils arrivent rapidement au terme de leur évolution et à l'apogée de leurs qualités.

Certains doivent être consommés dans l'année qui suit leur production, parce qu'après ils s'affaiblissent.

*Argile.* — Dès que l'argile accompagne la silice, la valeur du vin change. Après le décuvage, il est plus corsé, plus riche en couleur, un peu moins moelleux, semble plus dur, mais bientôt il s'affine, prend du velouté et devient un vin excellent et de plus longue garde.

Dans le Beaujolais, grand nombre de crus reposent sur des assises amplement pourvues d'argile.

*Calcaire.* — L'élément calcaire, toujours associé à l'argile et à la silice, dans le Rhône notamment, donne aussi des vins corsés et durs quand ils sortent de la cuve; ils sont colorés et peu agréables à boire de suite; mais, bientôt, ils prennent du bouquet, du moelleux, et conservent leurs qualités un grand nombre d'années.

Le type de ces vins est fourni par les excellents crus du château de Lachassagne, de Liergues, côte de Challier, Pommiers, Buisante et Anse (Côte de Bassieu).

*Oxydes métalliques.* — Les oxydes de fer, de manganèse et autres, associés aux corps précédents, silice, argile, etc., sont des éléments précieux qui favorisent la production de la matière colorante et du bouquet. Les vins, récoltés sur les sols qui en possèdent, sont excellents, complets, d'une extrême finesse et de très longue garde.

Les types des vins issus de semblables milieux privilégiés existent dans les crus de Morgon, Brouilly, Brouilly-Saint-Lager, Côte-Rôtie, etc.

*Roches.* — Quand on parcourt le Beaujolais, on est frappé par la diversité et la multiplicité des roches qui forment le substratum des sols de cette vaste région viticole. A côté du gneiss et du granit, on voit de nombreux affleurements, souvent d'une importante étendue, de porphyre pétrosiliceux, des porphyrites micacées et amphiboliques, de la microgranulite; de l'orthophyre, du granit à amphibole, des diorites et des diabases, des micaschistes amphiboliques, des micaschistes chloriteux et séricileux, des quartzites, des schistes et marbres cambriens, des schistes granulitiques, des schistes micacés et pyroxéniques, etc., etc., qui ont donné naissance aux terres les plus diverses et les meilleures pour la culture de la vigne qui y produit un vin délicieux, bouqueté, généreux, d'une finesse de sève remarquable et riche en éléments constitutifs, et de très longue garde, quand les conditions climatériques sont favorables.

3° **Influence de la fumure.** — L'action de la fumure sur la vigueur de la vigne et sur la qualité du vin est très importante.

L'engrais qui constitue l'aliment de la plante doit être composé d'un tout dans lequel elle puisse trouver

—( 14 )—

tous les principes nécessaires à la formation de ses pampres et à la constitution de son fruit. Jusqu'à ce jour, l'engrais le plus employé a été le fumier de ferme, mais nous estimons qu'il ne contient pas toujours tous les éléments nécessaires à la composition d'une bonne fumure, et qu'alors, il est indispensable de le compléter à l'aide des engrais chimiques plus économiques et d'un maniement plus facile.

Ces engrais, composés d'azote, d'acide phosphorique, de potasse et de chaux, peuvent être préparés par soi-même, après acquisition des matières premières, qui sont les sels azotés, phosphatés, potassiques et de chaux.

*Azote.* — L'azote est le plus important de ces éléments, il concourt à la formation du protoplasma de la cellule, assure sa prolifération, en même temps que la constitution d'un abondant tissu herbacé. Il émigre de feuille en feuille et se concentre, en grande partie, dans le fruit.

Lorsque le sol en est amplement pourvu, les pampres de la vigne s'allongent et son feuillage prend une belle teinte verte très caractéristique. Si, au contraire, il en manque, la végétation devient languissante et le bois fait défaut au moment de la taille.

*Acide phosphorique.* — L'acide phosphorique est aussi utile à la plante que l'azote, pour assurer sa bonne fructification. Il concourt notamment à la formation de la graine destinée à reproduire l'espèce. L'analyse décèle l'acide phosphorique dans toutes les parties de la plante et notamment dans le pollen.

Dans les terres qui en possèdent abondamment, la plante a toujours un pollen riche en lécithine, principe contenant une notable quantité d'acide phosphorique, qui fournit à l'ovaire le phosphate voulu pour assurer sa fécondation.

Par contre, dans un sol pauvre en phosphate, la coulure est fréquente et beaucoup plus grande.

Le phosphate augmente aussi la rigidité des tissus et améliore la qualité du vin. Les ceps, copieusement alimentés de phosphate assimilable, donnent des raisins plus gros, plus riches en sucre et fournissant à la cave un vin plus généreux, plus bouqueté et plus complet.

*Potasse.* — La présence de la potasse dans les organes de la vigne montre son utilité. M. Muntz a trouvé que :

Les cendres des sarments en contiennent. . . . . . . . . . . . . 22,26 0/0
Celles des feuilles . . . . . . . . . . . . . . . . . . . . . 5,80 0/0
   — du marc de pressoir . . . . . . . . . . . . . . . . . 18,49 0/0
   — du marc de chapeau . . . . . . . . . . . . . . . . 21,21 0/0
   — du vin . . . . . . . . . . . . . . . . . . . . . 20,15 0/0

Ces chiffres indiquent bien, en effet, que la vigne prélève, dans le sol, une grande quantité de potasse, et qu'elle est indispensable à la plante. La potasse contribue également à la formation de la matière amylacée, qui se transforme en sucre à la maturité du raisin, et ensuite en alcool lors de la fermentation dans la cuve.

Etant donné son importance, la potasse doit entrer toujours dans la constitution de la fumure.

*Chaux.* — C'est sous forme de plâtre ou de sulfate de chaux que l'on additionne l'élément calcaire aux sels azotés, phosphatés et potassiques réunis dans l'engrais complet. La chaux du plâtre active la nitrification de l'azote organique et l'acide sulfurique mobilise la potasse native du sol.

*Sels divers employés.* — Les sels azotés ordinairement utilisés sont : le nitrate de soude et le sulfate d'ammoniaque.

Le premier contient 15 pour 100 d'azote et le second 20 pour 100 environ.

Ces sels sont solubles dans l'eau.

L'acide phosphorique s'applique généralement sous forme de superphosphate d'os ou de phosphate précipité.

La richesse du premier en acide phosphorique est de 12 à 18 pour 100 ; celle du second oscille entre 10 et 14 pour 100. Quant à la potasse, c'est sous forme de sulfate de potasse ou de chlorure de potassium, tous deux solubles dans l'eau, qu'on en fait usage.

La chaux est employée sous forme de plâtre ordinaire.

COMMUNE D'AMPUIS. — CRU DE COTE-ROTIE : COTE BLONDE

# COMMUNE D'AMPUIS

## CRUS DE COTE-ROTIE : COTE BLONDE ET COTE BRUNE

La commune d'Ampuis fait partie du canton de Condrieu ; elle est bornée : au nord, par la commune de Loire ; à l'est, parcelle de Saint-Cyr-sur-le-Rhône ; à l'ouest, par celle des Haies et de Tupin-Semons ; au sud, par le Rhône et le département de l'Isère.

Sa superficie est de 1.571 hectares ; elle compte 1.675 habitants et est desservie par le chemin de grande communication n° 15 et par le chemin de fer.

La gare est dans la localité même.

### Orographie.

Le relief de la commune est commandé principalement par le Rhône qui la borne au sud et au sud-est et la sépare de l'Isère.

Dans le Rhône se jettent huit petits affluents qui coulent parallèlement du nord-nord-ouest au sud-sud-est et forment de petites vallées. Le terrain est accidenté et s'incline du nord au sud, depuis la cote 445 mètres jusqu'à celle de 151 mètres ; la partie limitrophe du fleuve, à la cote 148 mètres, est plane.

### Formation géologique.

Le sol de la commune d'Ampuis a été constitué, depuis la cote 155 jusqu'à la cote 445, par l'effritement des roches anciennes : micaschistes chloriteux, sériciteux inférieurs et supérieurs, micaschistes granulitiques et granitiques et par quelques dépôts provenant de cailloutis des hauts plateaux alpins, de la cote 155 à la cote 148, par des alluvions anciennes et modernes laissées par le fleuve.

### Vignobles de Côte-Rôtie.

Le vignoble de Côte-Rôtie, situé sur la rive droite du Rhône, est exposé en plein midi et sur des pentes très escarpées, ce qui lui donne une physionomie spéciale et pittoresque ainsi qu'en témoignent les deux vues ci-contre.

Le terrain est soutenu par de petits murs formant des séries de terrasses superposées.

L'origine du vignoble de Côte-Rôtie est antérieure à notre ère. Déjà, lors de l'occupation romaine, le coteau qui s'étend d'Ampuis à Saint-Cyr-sur-le-Rhône et au delà était couvert par la vigne.

Pline le jeune, né en l'an 62, déclare dans ses écrits qu'il croît dans le pays viennois une sorte de raisin très estimé et dont le vin a un goût de poix.

Plutarque, né vers l'an 50 de Jésus-Christ, dit également : « On apporte de la Gaule viennoise du vin empoissé que les Romains estiment beaucoup et dont ils font grand cas d'autant qu'il semble que cela lui donne non seulement une agréable odeur mais aussi qu'il le rend plus fort et meilleur lui ôtant en peu d'espace tout ce qu'il y a de nouveau et de substance âcre par le moyen de la chaleur. »

Le poète Martial, né vers l'an 43, a également chanté le vin de Côte-Rôtie.

### Etendue du vignoble.

La vigne occupe à Ampuis 475 hectares et s'étend de la limite du territoire de Tupin-Semons, situé à l'ouest, à la limite du territoire de Saint-Cyr-sur-le-Rhône situé à l'est.

Les plantations dans la zone parallèle à la voie ferrée et qui vont de la cote 160 à la cote 210 donnent les meilleurs produits.

Dans cette zone se trouvent la Côte Blonde et la Côte Brune, devenues célèbres par la supériorité des vins qu'on y récolte.

La première (Côte Blonde) est traversée de l'est à l'ouest par plusieurs filons de granulite ; la silice se trouve en quantité plus grande que dans la Côte Brune, aussi le vin qu'on y récolte est-il un peu plus tendre et légèrement moins coloré.

3

La Côte Brune, séparée de la Côte Blonde par une puissante dépression, repose sur les micaschistes granulitiques moins riches en silice et plus pourvus en argile et en oxyde de fer. Le vin récolté sur cette Côte est plus corsé, plus dur et d'une plus longue garde que celui de la Côte Blonde. En général, le vin de Côte-Rôtie se classe à côté des vins les plus fins et les plus délicats de France.

Voici comment notre regretté collègue, M. Durand, le caractérisait :

« Le vin rouge de Côte-Rôtie, d'une réputation très ancienne, est encore un très grand vin, produit par la sirah seule ou en mélange avec le viognier. Il a une couleur pourpre foncé, du corps, du spiritueux, du bouquet, une sève et un parfum très agréables de framboise ou de violette ; son degré alcoolique est souvent de 12 à 14 degrés. Jeunes, ces vins sont très durs et très corsés, non seulement parce que la sirah a la propriété de donner des vins durs, mais encore parce que l'on a beaucoup l'habitude, dans les Côtes du Rhône, de laisser cuver le vin longtemps.

« Quoi qu'il en soit, les vins de Sirah demandent cinq à six années de séjour en tonneau pour se fondre : alors seulement ils deviennent moelleux et leur parfum, qui s'était déjà développé, s'avive en bouteilles ; ce sont des vins capables de se conserver très longtemps. »

### Richesse du sol.

La richesse du sol est moyenne. Nous donnons ci-après l'analyse des deux échantillons de terre que nous avons prélevés dans la Côte Blonde et dans la Côte Brune au moment où nous faisions la carte agronomique de la commune d'Ampuis.

| | Côte Blonde | Côte Brune |
|---|---|---|
| Graviers siliceux . . . . pour 100 | 46 70 | 23 40 |
| Eau au minimum . . . . — | 3 01 | 5 52 |
| Humus . . . . . . — | 0 25 | 0 85 |
| Sels calcaires . . . . — | 3 21 | 3 11 |
| Argile . . . . . . — | 7 03 | 10 61 |
| Sable . . . . . . — | 39 80 | 56 50 |
| Azote . . . . . . pour 1.000 | 0 44 | 1 10 |
| Acide phosphorique . . . — | 1 20 | 1 90 |
| Potasse . . . . . . — | 1 56 | 2 19 |
| Sulfate de chaux . . . . — | 0 80 | 0 70 |
| Oxyde de fer . . . . — | 20 60 | 27 60 |

Nous détachons également de la carte agronomique la composition moyenne du sol des diverses parties de la commune.

| | Cailloutis | Alluvions modernes | Micaschistes inférieurs | Micaschistes supérieurs et granulitiques |
|---|---|---|---|---|
| Poids du mètre cube . . . | 2 555 | 2 604 | 2 555 | 2 564 |
| Cailloux calcaires . . . p. 100 | 0 41 | 3 91 | 0 23 | » |
| Cailloux siliceux . . — | 49 8 | 8 99 | 39 94 | 50 » |
| Eau au maximum . . — | 3 63 | 4 7 | 3 7 | 3 26 |
| Humus . . . . . — | 0 31 | 0 58 | 0 31 | 0 45 |
| Calcaire . . . . — | 2 51 | 10 2 | 2 70 | 1 65 |
| Argile . . . . . — | 7 07 | 6 1 | 6 » | 6 18 |
| Sable . . . . . — | 42 8 | 63 7 | 38 6 | 38 1 |
| Azote . . . . . p. 1.000 | 0 41 | 0 95 | 0 29 | 0 42 |
| Acide phosphorique . — | 0 63 | 1 7 | 0 55 | 0 81 |
| Potasse . . . . — | 1 06 | 1 6 | 1 07 | 1 15 |
| Sulfate de chaux . . — | 0 51 | 0 88 | 0 70 | 0 55 |
| Oxyde de fer . . . — | 17 9 | 20 01 | 19 9 | 19 37 |

### Plaine d'Ampuis.

La plaine d'Ampuis occupe le territoire de la partie basse de la commune, de la cote 155 à la cote 148, limite du fleuve.

Dans cette zone, la terre est très profonde et fertile ; elle se couvre régulièrement d'une végétation arbustive et herbacée des plus luxuriantes, telles que : cerisiers, abricotiers, pêchers, poiriers, etc. Le fruit récolté est de qualité supérieure et s'écoule dans toutes les régions de la France, mais notamment à l'étranger.

A côté de la culture fruitière, la culture potagère couvre plus de 150 hectares. Tous les légumes sont dirigés sur la ville de Saint-Étienne.

Enfin, dans la partie la plus élevée de la commune, de la cote 250 à la cote 445, on cultive les céréales, les plantes racines et les plantes fourragères.

### Résumé et conclusions.

Par la multiplicité de ses cultures et l'excellence de ses produits, la commune d'Ampuis est, sans nul doute, la plus riche du département du Rhône. Sa population est robuste, essentiellement travailleuse et fort économe.

COMMUNE D'AMPUIS. — CRU DE COTE-ROTIE : COTE BRUNE

COMMUNE DE VILLIE-MORGON. — CRU DE MORGON.

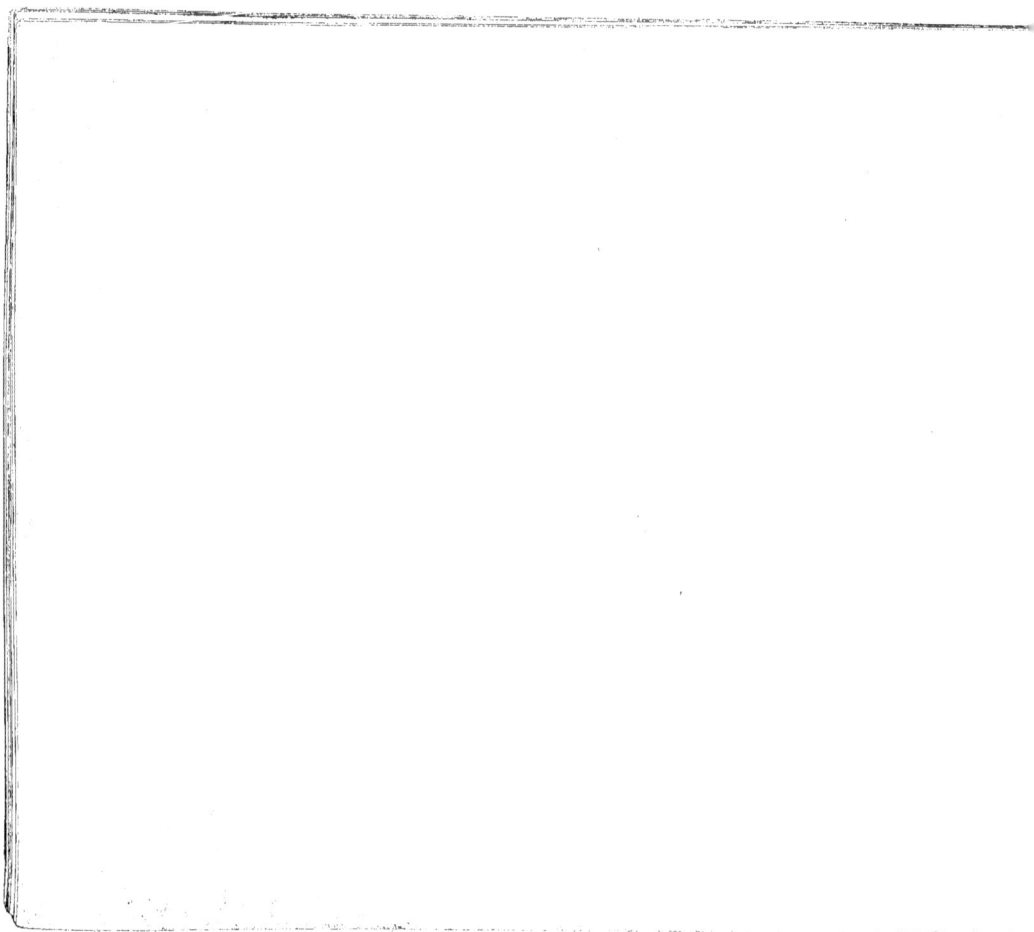

# COMMUNE DE VILLIÉ-MORGON

## CRU DE MORGON

La commune de Villié-Morgon fait partie du canton de Beaujeu. Elle est bornée par les communes de Chiroubles et Fleurie au nord, Regnié au nord-ouest, Cercié au sud, Saint-Jean-d'Ardières et Corcelles à l'est.

Desservie par de très belles routes, Villié-Morgon a son chef-lieu à 7.800 mètres de la gare de Belleville. Son étendue est de 1.849 hectares et sa population de 2.143 habitants. Très allongée dans la direction du sud-est au nord-ouest, elle mesure, dans sa plus grande longueur, 7.900 mètres et va, en s'élevant du sud-est au nord-ouest, de la cote 236 mètres à la cote 685 mètres.

Indépendamment de cette inclinaison générale, elle présente des ondulations dues aux ruisseaux qui coulent dans la direction de sa plus grande longueur. Chacun de ces ruisseaux a creusé une vallée peu profonde bordée de coteaux ensoleillés sur lesquels la vigne fournit un produit d'excellente qualité.

Le versant sud de la montagne du Pis constitue une exposition des meilleures.

### Formation géologique.

Le sol arable de la commune de Villié-Morgon a été constitué :

1° Par l'effritement du granite qui occupe, à l'ouest et au nord, plus des trois huitièmes du territoire ;

2° Par les dépôts des cailloutis des plateaux qui couvrent toute la partie basse de la commune en contournant le granite et les schistes, dépôts qui ont été formés lors du creusement de la vallée de la Saône ;

3° Par les schistes et marbres précambriens, les schistes micacés et maclifères et enfin par un affleurement de diorite et de diabase.

Dans la zone granitique, on constate quelques coulées de granulite pure.

Les terres résultant de ces divers éléments ont une profondeur qui varie de 50 à 65 centimètres.

### Surface du vignoble de Villié-Morgon.

La surface plantée en vigne à Villié-Morgon est de 1.100 hectares environ.

Les plantations commencent à la cote 236 mètres, limite inférieure de la commune, jusqu'à la cote 496 mètres.

C'est entre les cotes 280 et 350 que la vigne, toutes conditions d'exposition restant les mêmes, donne le meilleur produit.

### Origine de la culture de la vigne.

L'origine de la culture de la vigne dans cette commune remonte à une époque fort reculée. Sans nul doute, les pentes de la montagne du Pis furent plantées les premières, car elles se trouvaient, en effet, peu éloignées de la voie romaine qui constituait l'artère principale reliant la Bourgogne à la vallée du Rhône.

### Cru de Morgon.

Le cru de Morgon, situé sur les pentes de la montagne du Pis et représenté par la vue ci-contre, repose sur les assises primitives, riches en silice, en oxydes ferreux, en argile et en calcaire pour une petite quantité.

Le vin récolté au hameau de Morgon, et tout spécialement dans le bas Morgon, doit figurer sur la liste des grands vins que produit la France. Nous le plaçons à côté des bons bourgognes et nous déplorons qu'il ne soit pas mieux connu.

Il a une belle couleur carmin foncé ; il est chaud, spiritueux, riche en extrait sec et titre de 13 à 14 degrés d'alcool dans les bonnes années.

Un peu dur au sortir de la cuve, il s'affine après quelques années de tonneau et de bouteille et prend du moelleux, du velouté et du bouquet ; sa valeur marchande oscille selon l'âge de 100 à 200 francs l'hectolitre.

### Reconstitution.

Les premières taches phylloxériques apparurent à Villié-Morgon vers 1870-1871.

Dès le début, on organisa la défense qui fut reconnue insuffisante ; alors la vaillante population de cette commune, dirigée et conseillée par M. Sornay, maire, aussi distingué qu'éminent viticulteur, entreprit la reconstitution des vignes détruites par le terrible insecte.

La première parcelle de vigne greffée fut plantée par M. Sornay en 1879 sur la route qui contourne la montagne du Pis ; son exemple fut suivi et, dès que l'introduction des cépages américains fut autorisée, la reconstitution fit des progrès rapides.

### Richesse du sol de Villié-Morgon.

La composition moyenne du sol arable reposant sur les diverses assises géologiques est la suivante :

| | Sur terrain granitique | Sur terrain schisteux | Sur cailloutis des plateaux |
|---|---|---|---|
| Poids du mètre cube . . . kg. | 1.399 | 1.234 | 1.372 |
| Cailloux calcaires . . pour 100. | 0 33 | » | 0 02 |
| Cailloux siliceux . . — | 42 50 | 33 01 | 27 09 |
| Eau . . . . . . — | 2 74 | 3 61 | 2 79 |
| Humus. . . . . . — | 0 30 | 0 32 | 0 32 |
| Sels calcaires. . . . — | 2 34 | 3 83 | 2 14 |
| Argile . . . . . . — | 3 87 | 8 50 | 5 04 |
| Sable siliceux . . . — | 51 70 | 52 06 | 52 40 |
| Azote . . . . . . pour 1.000. | 0 43 | 0 13 | 0 42 |
| Acide phosphorique . — | 0 65 | 0 13 | 0 34 |
| Potasse . . . . . — | 0 63 | 0 27 | 0 76 |
| Sulfate de chaux . . — | 2 10 | 1 » | 2 30 |
| Oxyde de fer. . . . — | 11 05 | 32 » | 22 » |

En résumé, le sol de Villié-Morgon est peu riche ; il manque en partie de tous les principes nécessaires à la vie de la plante et nécessite des fumures rationnelles, composées avec du fumier d'étable et des engrais chimiques.

COMMUNE D'ODENAS — CRU DE BROUILLY.

# COMMUNE D'ODENAS

## CRU DE BROUILLY

---

### Cru de Brouilly.

La commune d'Odenas est bordée : au nord, par Saint-Lager ; à l'est, par Charentay ; au sud, par Saint-Étienne-des-Oullières et Saint-Étienne-la-Varenne, et à l'ouest, par Quincié.

Elle fait partie de l'arrondissement de Villefranche et du canton de Belleville ; elle est traversée par le chemin de fer de Villefranche à Beaujeu et desservie par un réseau de routes et de chemins fort bien entretenus. Le ruisseau le Sancillon la sillonne de l'ouest à l'est ; il y a creusé une vallée peu profonde.

La plus grande partie du territoire incline vers le thalweg de ce petit cours d'eau ; l'autre partie incline du nord au sud et de l'ouest à l'est.

Le mont Saturnin est le point le plus élevé (536 mètres).

La population totale de la commune est de 849 habitants ; sa superficie de 904 hectares.

### Formation géologique.

Le sol cultivé de la commune d'Odenas a été formé par la désagrégation des roches anciennes, composées en grande partie de granite, d'un affleurement de diorite et diabase et d'un affleurement de schistes pyroxéniques et amphiboliques.

Ces dernières roches forment le substratum de l'excellent cru de Brouilly que représente la vue ci-contre.

Le massif de granite est traversé près de la limite de la commune par quelques filons de granulite et de porphyrites micacées et amphiboliques.

Proche de la commune de Quincié, existe une légère bande de schistes amphiboliques et pyroxéniques. La couche arable qui en résulte a une épaisseur qui varie de 40 à 60 centimètres. Dans la partie granitique, les terres sont légères et d'un travail facile, mais elles sont plus rocheuses dans la partie schisteuse.

### Surface cultivée en vignes.

La vigne occupe dans la commune d'Odenas 560 hectares, soit toute la partie basse de la commune ; elle s'étend de la cote 295 à la cote 400, mais c'est entre la cote 300 et la cote 360, sur les pentes très ensoleillées du hameau de Brouilly, qu'elle fournit le meilleur vin.

### Cru de Brouilly.

Le cru de Brouilly, qui se prolonge, à l'est, sur le territoire de Saint-Lager, repose sur les schistes pyroxéniques et amphiboliques cornes vertes.

Ces schistes, qui sont assez pourvus de silice, contiennent suffisamment d'argile, sont très colorés par l'oxyde de fer et renferment un peu de calcaire.

La réunion de ces divers éléments dans la couche sillonnée par les racines de la vigne constitue un milieu particulièrement favorable à celle-ci et lui permet de fournir un produit de haute qualité, très corsé, riche en couleur, en alcool et en extrait sec. Déjà fruité au sortir de la cuve, après quelques années de tonneau et de bouteille, il s'affine, prend du bouquet et du moelleux et conserve toutes ses qualités pendant de très nombreuses années.

Dans les étés secs, favorables à la vigne, le vin de Brouilly titre fréquemment de 12 à 14 degrés d'alcool. Nous le classons au nombre des grands vins. Sa valeur marchande varie suivant l'âge de 100 à 150 francs l'hectolitre ; celui de 1906 vaut 200 francs ; celui de 1911 est parfait et va atteindre le même prix.

Dans la zone granitique, les vins sont moins corsés, se font plus vite et prennent rapidement du bouquet et du moelleux. Ils ont une très grande finesse de sève qui les fait rechercher du consommateur, mais ils se conservent moins longtemps que les autres.

Les vins de Pierreux, dans la vallée du Sancillon, ceux de la Chaize et autres points de l'exposition sud, sont aussi fort recherchés.

## Reconstitution.

Le vignoble d'Odenas, comme celui de Villié-Morgon, fut attaqué de très bonne heure par le phylloxera. La défense par le sulfure de carbone fut organisée méthodiquement et, grâce aux soins donnés au précieux arbrisseau, les plantations franches de pied furent maintenues en production après l'apparition de l'insecte.

Un émule de M. Sornay, le regretté maire d'Odenas, M. Bender, père de M. Emile Bender, député actuel de Villefranche, s'attacha à démontrer à ses administrés, par ses conseils et son exemple, que seule la vigne greffée était susceptible de leur apporter l'aisance et même de leur rendre la prospérité dont ils avaient joui avant l'apparition du terrible insecte.

Il fut un des plus ardents propagateurs de la reconstitution par la greffe exécutée sur table et élevée en pépinière.

Dans cette tâche difficile, il trouva auprès de sa compagne une aide et une auxiliaire des plus précieuses. Mme Bender, en effet, ne craignit pas de vulgariser le greffage, prêchant d'exemple, à la tête de ses vignerons, et montrant aux milliers de visiteurs, venus de toutes parts, non seulement pour voir exécuter la greffe sur table, mais aussi sa mise en pépinière pour l'y faire souder et raciner, avant de la mettre en place, ce que peut réaliser une femme de volonté et d'énergie.

La commune d'Odenas, ainsi que les régions viticoles, lui doivent, autant qu'à son mari, une très grande reconnaissance pour la part active qu'elle a prise dans l'œuvre de la reconstitution du vignoble.

## Richesse du sol. — Composition moyenne.

| | | Granite | Granulite | Schistes amphiboliques |
|---|---|---|---|---|
| Cailloux siliceux. | pour 100 | 5o 75 | 6o » | 48 » |
| Cailloux calcaires | — | » | » | » |
| Humus. | — | 1 48 | 1 52 | 2 22 |
| Calcaire | — | o 49 | o 23 | o 57 |
| Argile | — | 1 6o | 1 35 | 1 22 |
| Sable | — | 45 88 | 36 9o | 47 29 |
| Azote | pour 1.000 | o 46 | o 4o | o 47 |
| Acide phosphorique | — | o 64 | o 5o | o 54 |
| Potasse | — | 1 » | o 76 | o 98 |

Comme on le voit, la couche arable est partout siliceuse et silico-argileuse.

Sa richesse est très moyenne.

Les analyses ci-dessus démontrent que l'azote et l'acide phosphorique y sont représentés par des chiffres faibles, qu'il en est de même de la chaux dans la zone granulique, et que la potasse seule s'y trouve en quantité presque suffisante.

COMMUNE D'ODENAS. — COTEAU DU CHATEAU DE PIERREUX.

COMMUNE D'ODENAS. — COTEAU (BENDER).

# COMMUNE DE FLEURIE

La commune de Fleurie est bornée par les communes : de Chenas et Emeringe, au nord; Vauxrenard, à l'ouest; Chiroubles, au sud-ouest; Villié-Morgon, au sud, et Lancié, au sud-est. Elle touche le département de Saône-et-Loire, est limitrophe de Romanèche-Thorins et fait partie du canton de Beaujeu.

Sa superficie est de 1.382 hectares et sa population de 1.882 habitants. Elle est desservie par un réseau de routes et de chemins des mieux entretenus.

Le bourg de Fleurie est à 3.000 mètres de la gare de Romanèche-Thorins. Le chemin de fer départemental du Haut-Beaujolais desservira bientôt le chef-lieu de la commune.

## Orographie.

Le territoire de la commune de Fleurie incline du nord-ouest au sud-est et du nord au sud.

Plusieurs ruisselets le sillonnent et coulent du nord-ouest au sud-est ; ils ont creusé de nombreuses dépressions qui sont pour la vigne de merveilleuses expositions tournées vers le sud. Le point culminant de la commune est à la cote 529 mètres; la limite inférieure se trouve à la cote 250 mètres.

## Formation géologique.

Le sol de la commune de Fleurie, d'origine primitive et sédimentaire, repose :

Sur le granite, qui forme la plus grande partie du substratum du territoire, il est injecté par de nombreux filons de porphyrites micacées et amphiboliques, contenant de la silice, de la magnésie, un peu de chaux et des oxydes ferreux et manganèses.

Quantités de filons de quartz manganésé émergent du granite dans la direction du nord-ouest au sud-est. Enfin, des affleurements de granulite coupent la commune dans la direction nord-ouest. Quelques dépôts de cailloutis et de limons anciens existent au sud.

L'effritement de ces diverses roches a constitué un milieu des plus favorables à la vigne.

## Surface plantée en vigne.
## Valeur des crus de Fleurie.

La surface plantée en vigne est de 1.082 hectares, l'excédent de l'étendue cultivée est couvert par la prairie naturelle. Les vins récoltés sont, en général, d'excellente qualité. Mais chaque fois que les plantations inclinent vers le sud et que les roches qui forment le substratum sont riches en éléments ferreux et en manganèse, ils sont supérieurs et un peu plus corsés.

Les crus de Fleurie diffèrent de ceux de Morgon et de Brouilly; ils ne sont pas durs au sortir de la cuve et sont un peu moins riches en couleur, en extrait sec et en alcool ; ils possèdent une très grande finesse de sève, se font plus vite et, après quatre ans de tonneau et de bouteille, ils sont parfumés, bouquetés, moelleux et extrêmement agréables à boire.

Leur richesse en alcool oscille entre 10 et 11 degrés et vont jusqu'à 12 dans les années très chaudes.

Leur prix, suivant l'âge et l'année, est de 70 à 90 francs l'hectolitre.

Les divers points spéciaux sur lesquels la qualité est notablement supérieure, sont :

1° Carquelin, Moulin-à-Vent ;
2° Point-du-Jour ;
3° Les Moriers ;
4° Les Rochaux ;
5° Le Poncié, etc.

## Richesse du sol.

La richesse du sol cultivé de la commune de Fleurie est très moyenne ; partout l'azote, l'acide phosphorique et la chaux sont représentés par des chiffres faibles ; la potasse seule est assez abondante.

Comme le nombre d'animaux entretenus dans la commune est peu élevé et que le fumier produit est insuffisant pour fertiliser convenablement les terres plantées en vigne, il faut que les viticulteurs fassent résolument emploi des engrais chimiques, seuls, du reste, économiques et capables de constituer des fumures rationnelles.

COMMUNE DE FLEURIE. — LES THORINS, MOULIN-A-VENT (Cru Supérieur)

COMMUNE DE FLEURIE. — CRU DU POINT-DU-JOUR.

COMMUNE DE FLEURIE. — LES GRANDS FERS, POINT-DU-JOUR.

COMMUNE DE FLEURIE. — LES MORIERS, LES CAVES.

COMMUNE DE FLEURIE — LES ROCHAUX

COMMUNE DE FLEURIE. — CRU DE PONCIÉ, 1re Catégorie.

COMMUNE DE FLEURIE VILLAGE. — COTEAU DE LA MADONE (Bon Cru).

# COMMUNE DE SAINT-LAGER

## CRU DE BROUILLY-SAINT-LAGER

La commune de Saint-Lager est bornée : au nord, par Cercié ; à l'est, par Saint-Jean-d'Ardières et Belleville ; au sud, par les communes de Charentay et d'Odenas, et, à l'ouest, par celle de Quincié.

Elle fait partie du canton de Belleville et de l'arrondissement de Villefranche.

Elle est desservie par le chemin de fer de Belleville à Beaujeu et possède un réseau de routes et de chemins fort bien entretenus.

La surface de la commune de Saint-Lager est de 768 hectares et sa population de 1.112 habitants.

### Orographie.

De la cote 250 mètres, située à l'est, le sol s'élève progressivement jusqu'à la cote 435 mètres, située à la Croix-de-Brouilly.

De ce dernier point, le sol incline vers le sud et le sud-est, formant des expositions merveilleuses sur lesquelles la vigne fournit un vin d'excellente qualité. Le coteau de Saint-Lager est le prolongement du coteau sur lequel repose le cru de Brouilly, dans la commune d'Odenas.

### Formation géologique.

Le sol de Saint-Lager repose, pour la plus grande partie, sur les cailloutis et limons anciens, qui contournent la montagne à l'est et au nord ;

D'un dépôt de calcaire, appartenant aux assises du Kimméridien, qui se trouve à la limite de Charentay ;

D'un affleurement de schistes pyroxéniques et amphiboliques (cornes vertes) ;

D'un affleurement de diorites, diabases et, enfin, d'un dyke de granite, situé à l'ouest, à la limite de Quincié.

Les terres cultivées, qui résultent de ces diverses assises géologiques, sont siliceuses, silico-argileuses et silico-calcaires.

Celles qui proviennent de l'effritement des schistes pyroxéniques et amphiboliques, cornes vertes, sont pierreuses et très riches en oxydes ferreux. L'épaisseur de la couche arable varie avec celle de la couche géologique qui la constitue ; elle oscille entre 40 et 70 centimètres.

### Cru de Brouilly-Saint-Lager.

La vigne couvre, dans la commune de Saint-Lager, 600 hectares, soit la presque totalité de la terre cultivée.

En général, le vin récolté dans les plantations de Saint-Lager est très bon et jouit d'une réputation méritée.

Celui qui provient particulièrement des pentes très ensoleillées et ferrugineuses de la montagne de Brouilly est parfait, car il a beaucoup d'analogie avec le vin de la même montagne située dans la commune d'Odenas.

Très corsé, de belle couleur carmin foncé, riche en alcool, en extrait sec, un peu dur au sortir de la cuve, le vin de Brouilly-Saint-Lager acquiert toutes ses qualités au bout de quelques années de tonneau et de

4

bouteille, et il les conserve longtemps. Selon l'année, il se vend de 100 à 125 francs l'hectolitre. Celui de 1906 vaut actuellement de 160 à 200 francs.

Ces prix sont notablement inférieurs lorsque les vins proviennent de la zone occupée par les cailloutis et limons anciens.

### Reconstitution.

La reconstitution du vignoble de la commune de Saint-Lager a suivi une marche normale sous la direction intelligente de son distingué et excellent maire M. Dupont.

### Composition moyenne du sol pour chaque assise géologique :

| | Cailloutis et limons anciens. | Kimméridien. | Diorites et diabases. | Granite. | Schistes pyroxéniques. |
|---|---|---|---|---|---|
| Poids du mètre cube . . . . . kg. | 2.586 » | 2.469 » | 2.649 » | 2.590 » | 2.633 » |
| Graviers siliceux . . . . pour 100 | 38 44 | 29 55 | 50 03 | 37 76 | 50 50 |
| Sels calcaires (Co³Ca) . . — | 0 71 | 1 75 | 1 25 | 0 97 | 0 82 |
| Humus . . . . . . . — | 1 47 | 1 58 | 2 38 | 1 71 | 1 88 |
| Argile . . . . . . . — | 8 19 | 18 11 | 7 70 | 7 07 | 9 93 |
| Sable siliceux . . . . . — | 48 31 | 45 95 | 37 55 | 51 08 | 36 77 |
| Azote . . . . . . pour 1.000 | 0 44 | 0 58 | 0 45 | 0 42 | 0 43 |
| Acide phosphorique . . . — | 0 43 | 0 64 | 0 32 | 0 34 | 0 48 |
| Potasse . . . . . . . — | 0 96 | 1 45 | 1 01 | 0 60 | 0 54 |

COMMUNE DE SAINT-LAGER. — SAINT-LAGER-BROUILLY.

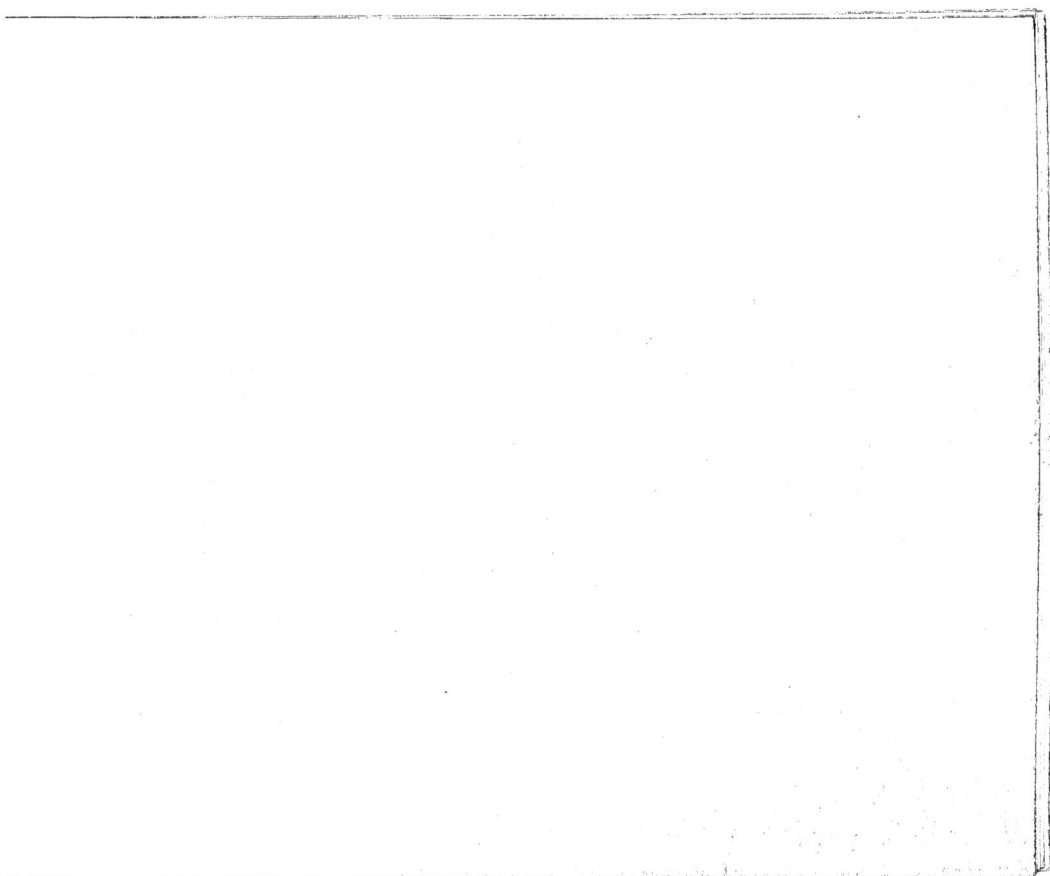

# COMMUNE DE JULIÉNAS

La commune de Juliénas fait partie du canton de Beaujeu, arrondissement de Villefranche; elle est bornée : au nord, par les communes de Pruzilly et Saint-Amour; par le département de Saône-et-Loire, à l'est; par la Chapelle-de-Guinchay, Chenas et Emeringes, au sud; par Jullié et Cenves, à l'ouest; elle est traversée du nord-ouest au sud-est par le ruisseau du Cotoyon, qui a creusé une vallée peu profonde. Tous les terrains inclinent vers le thalweg de ce cours d'eau.

La surface totale de cette commune est de 724 hectares, sa population de 1.068 habitants. Le chef-lieu se trouve à 3.500 mètres environ de la gare de Pontanevaux.

## Formation géologique.

Le sous-sol géologique qui a formé les terres cultivées de la commune de Juliénas est des plus variés et comprend successivement, de la partie basse de la commune à la cote 244 mètres au point le plus élevé situé à la cote 445 mètres, les cailloutis et limons anciens, le granite, les diabases, les schistes et marbres cambriens, les schistes amphiboliques (cornes vertes), la microgranulite, le porphyre et les tufs orthophyriques.

Les sols qui résultent de la désagrégation de ces multiples roches sont siliceux et silico-argileux riches, pour la plupart, en oxydes ferreux et renfermant un peu de calcaire, de la magnésie et de la potasse.

## Surface plantée en vigne.

La vigne occupe une surface supérieure à 500 hectares. Elle donne des vins généralement fort appréciés, mais c'est de la cote 260 à la cote 280, dans les quartiers des Mouilles, de Bûcherat, du Capitant et des Fouillouses, sur les surfaces exposées au midi, qu'ils acquièrent toute leur supériorité.

Ils ont du corps, du montant, du velouté, une belle couleur; sont fruités, pleins, généreux, bons à boire et pèsent de 12 à 14 degrés d'alcool; au bout de quelques années ils sont affinés, deviennent moelleux et très bouquetés. C'est vers leur huitième année qu'ils ont le maximum de qualités; ils les conservent longtemps. Jeunes, leur valeur marchande est de 60 à 80 francs l'hectolitre; plus âgés, elle atteint de 120 à 150 francs.

## Reconstitution.

Comme dans toutes les communes viticoles du Beaujolais, la reconstitution du vignoble de Juliénas s'est poursuivie avec célérité.

Signalons comme ayant collaboré ardemment à l'œuvre du renouvellement du vignoble M. Lacroix, instituteur honoraire, viticulteur des plus distingués et d'un dévouement sans limites.

## Composition moyenne.

La composition moyenne du sol est la suivante :

| | | Granits. | Schistes. | Diorites. | Tufs. | Cailloutis. |
|---|---|---|---|---|---|---|
| Graviers siliceux | . . . . . pour 100 | 41 » | 44 » | 42 » | 43 » | 31 » |
| Graviers calcaires | . . . . — | » | » | » | » | » |
| Humus | . . . . . . . — | 1 75 | 2 46 | 2 16 | 2 73 | 1 80 |
| Calcaire | . . . . . . . — | 0 31 | 0 49 | 0 38 | 0 25 | 0 40 |
| Argile | . . . . . . . — | 3 » | 2 87 | 2 32 | 1 90 | 2 81 |
| Sable | . . . . . . . — | 53 80 | 50 » | 52 58 | 52 11 | 64 30 |
| Azote | . . . . . pour 1.000 | 0 45 | 0 46 | 0 44 | 0 76 | 0 47 |
| Acide phosphorique | . . . . — | 0 40 | 0 51 | 0 66 | 0 37 | 0 33 |
| Potasse | . . . . . . . — | 0 70 | 0 84 | 1 02 | 1 27 | 0 70 |

En résumé, les terres de Juliénas sont peu pourvues en azote, en acide phosphorique et en chaux, mais elles contiennent des doses moyennes de potasse.

COMMUNE DE JULIÉNAS — CRU DE JULIÉNAS.

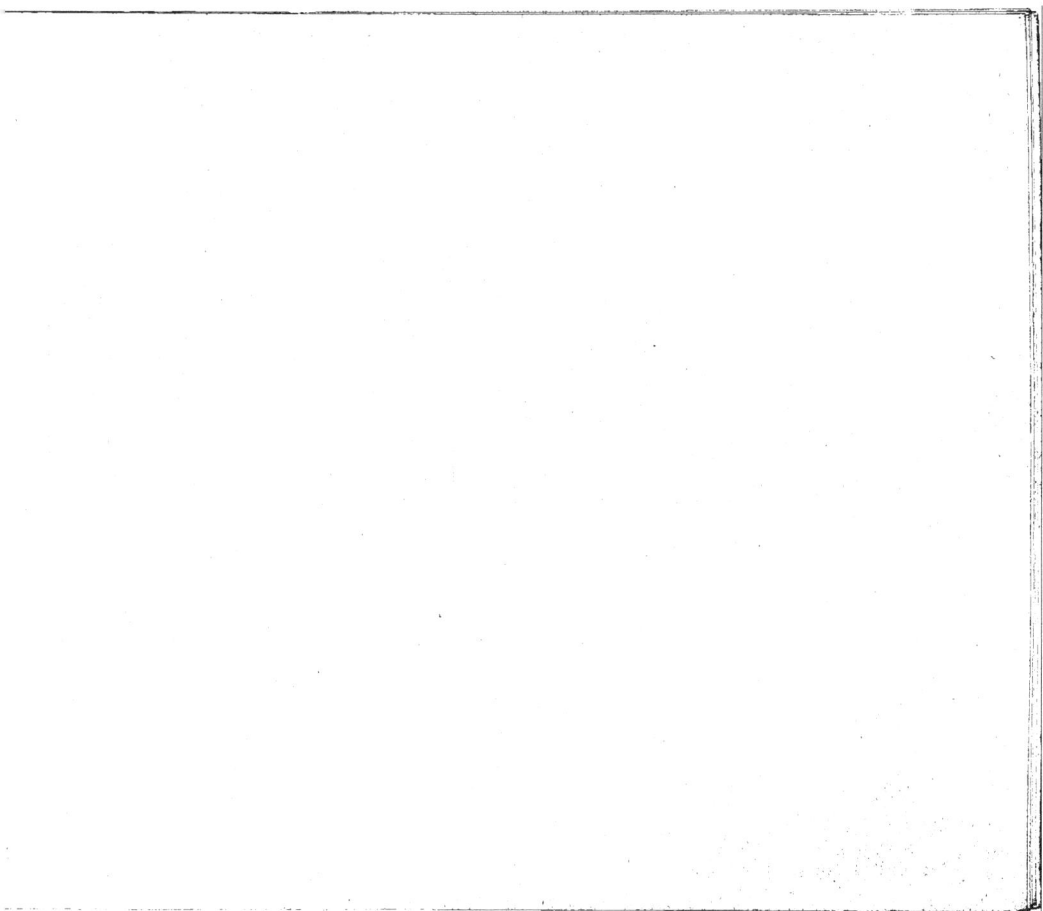

# COMMUNE DE CHENAS

La commune de Chenas, du canton de Beaujeu, est limitée : au sud, par Fleurie ; à l'ouest, par Emeringes ; au nord, par Juliénas, et, à l'est, par le département de Saône-et-Loire. Son étendue est de 817 hectares et le nombre de ses habitants de 663. Elle est desservie par les gares de Pontanevaux et Romanèche-Thorins.

## Orographie.

Le territoire de Chenas est assez vallonné (le point le plus bas est à la cote 350 et le point le plus élevé à la cote 543 mètres).

Il est sillonné dans sa partie inférieure par quelques ruisselets qui coulent du nord-ouest au sud-est, dans le thalweg des petites vallées qu'ils ont creusées.

## Origine géologique.

La roche granitique forme le substratum qui, en se désagrégeant, a constitué la terre cultivée. Elle est injectée, du nord au sud, par de nombreux filons de porphyrites micacées et amphiboliques, et du nord-ouest au sud-est par des filons concrétionnés de quartz manganèse de l'âge des arkoses triasiques et liasiques.

Les terres sont siliceuses et silico-argileuses. Elles conviennent à la culture de la vigne.

## Surface plantée en vigne.

L'étendue consacrée à la vigne est de 400 hectares entièrement reconstitués. Les vins récoltés dans les bonnes expositions de Chenas ont une grande analogie avec les vins de Fleurie ; ils sont fruités, spiritueux, corsés et titrent de 10 à 13 degrés d'alcool. Ils s'affinent vite, deviennent moelleux, parfumés et, à quatre ou cinq ans, possèdent toutes leurs qualités, qu'ils conservent dix et quinze ans et souvent plus.

Leur prix varie avec l'âge et les années, il oscille entre 75 et 150 francs l'hectolitre. Les meilleures cuvées sont dans les quartiers des Thorins, de Rochegres, des Caves, de la Rochelle, des Vérillats et des Michalons.

## Richesse du sol.

En nous rapportant aux analyses de la zone granitique de Juliénas qui est limitrophe de Chenas, nous voyons que le sol de cette commune contient peu d'azote, manque d'acide phosphorique et de chaux, mais qu'il possède des doses satisfaisantes de potasse.

COMMUNE DE CHÉNAS. — CRU DES CAVES.

# COMMUNE DE LACHASSAGNE

La commune de Lachassagne fait partie du canton d'Anse, dont le territoire, surtout d'origine jurassique, possède des coteaux merveilleux sur lesquels la vigne donne un produit de haute qualité.

La surface de cette commune, qui est bornée, au nord, par la commune d'Anse; à l'est, par celle de Lucenay; au sud, par Marcy-sur-Anse et Alix et, à l'ouest, par Theizé, est de 354 hectares, et sa population de 388 habitants.

## Orographie.

Lachassagne se trouve sur la ligne de faîte de la poussée jurassique qui a formé le substratum de ce canton et qui est sensiblement orientée du nord au sud.

De cette ligne, qui est située à la cote 240 mètres environ, les terrains inclinent vers l'est et le sud-est, versant de la Saône, et à l'ouest.

Les premiers constituent des expositions excellentes pour la vigne.

## Origine géologique.

La couche arable, en partie décalcifiée, est silico-calcaire et argilo-calcaire. Elle résulte de l'émiettement du sous-sol géologique qui est constitué par la grande oolithe (calcaire blanc fin oolithique, qu'on trouve tout spécialement à Lachassagne).

La terre à foulon, sorte de calcaire marneux, blanc grisâtre et le calcaire à entroques.

## Cru de Lachassagne.

L'étendue plantée en vigne à Lachassagne est de 230 hectares environ.

Les vins récoltés sont généralement d'excellente qualité, mais parmi les meilleurs, dans les expositions tournées au sud-est, il faut citer ceux du château, dont le clos, représenté par la vue ci-contre, est de 68 hectares environ.

Ils peuvent figurer sur la liste des grands vins produits par le département du Rhône. Dans les années suffisamment ensoleillées, ils sont très riches en couleur, en alcool et en extrait sec. Au sortir de la cuve, ils sont durs, spiritueux, fruités et chauds, mais après quelques années de tonneau et de bouteille, ils s'affinent, deviennent moelleux, bouquetés et leur parfum rappelle celui des meilleurs vins de la Bourgogne.

Les caves du château de Lachassagne sont admirables et les vins y sont particulièrement bien soignés, ce qui leur permet de conserver leurs qualités extrêmement longtemps, soit vingt-cinq à trente ans et souvent plus.

Ceux récoltés pendant les années 1865, 1870, 1878 et 1882, encore logés en foudres, sont à signaler, ainsi que ceux de 1906. Les 1911 promettent aussi beaucoup.

Les plus anciens vins du château, conservés en bouteille, appartiennent aux années 1807, 1811 et 1836.

La valeur marchande des vins de Lachassagne varie, suivant l'année et l'âge, de 80 à 150 et même 200 francs l'hectolitre.

## Reconstitution, richesse du sol.

Après l'invasion phylloxérique, les vignes de Lachassagne furent promptement reconstituées.

Actuellement, les premières plantations sont déjà âgées et on commence même à les renouveler.

La richesse du sol est moyenne, il contient peu d'azote, est assez pourvu de potasse et d'acide phosphorique et a une dose élevée de calcaire.

COMMUNE DE LACHASSAGNE. — CRU DU CHATEAU.

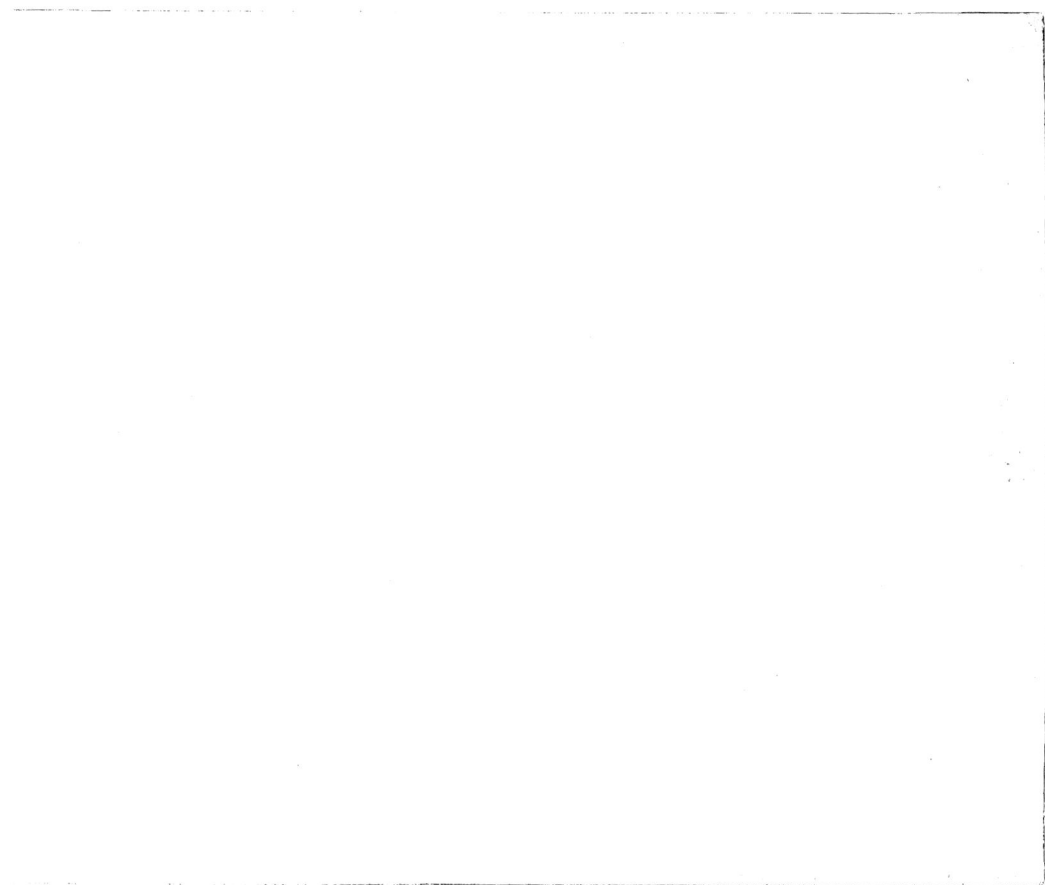

# GRANDS ORDINAIRES

Dans la deuxième catégorie des vins du Rhône, nous comprenons les grands ordinaires. Ces vins sont produits dans plusieurs communes viticoles des cantons de Beaujeu, Belleville, Villefranche, le Bois-d'Oingt et Anse, pour l'arrondissement de Villefranche, et par un certain nombre de localités des cantons de l'Arbresle (Savigny, Brussieu, etc.), Limonest (Couzon-au-Mont-d'Or), Saint-Genis-Laval (Sainte-Foy), Givors. Millery (côte de la Galée), pour l'arrondissement de Lyon.

En général, partout où le gamay couvre des pentes inclinées au sud et au sud-est, et à une altitude de 210 à 300 mètres environ, la qualité des vins est supérieure.

Dans les années favorables notamment, ces vins tiennent de la nature tous les éléments de conservation, d'agrément et de bonne hygiène ; ils sont digestifs, colorés, pleins ; il suffit de les laisser vieillir pour qu'ils soient moelleux, bouquetés et extrêmement agréables à boire.

Pour bien les connaître et les apprécier à leur juste valeur, il faut les déguster au sortir de la cave du propriétaire.

Quand ils sont faits, ils ont une couleur caractéristique, un parfum délicieux et sont capables de satisfaire les palais les plus exigeants.

La robe qu'ils laissent sur les parois de la bouteille est suggestive et témoigne de leur qualité.

Les premières communes que nous avons signalées ont aussi, à côté des grands vins, des vins de deuxième ordre qui peuvent fort bien figurer dans la catégorie des grands ordinaires.

Mais comme le cadre que nous nous sommes tracé est limité et qu'il ne nous est pas possible de les mentionner tous, nous nous contenterons d'en énumérer quelques-uns seulement, en ajoutant cependant qu'à côté d'eux il s'en trouve d'autres souvent similaires et d'égale valeur.

# COMMUNE DE CHIROUBLES

La commune de Chiroubles fait partie du canton de Beaujeu. Elle est limitée : au sud, par Villié-Morgon ; au nord-est, par Fleurie ; au nord, par Vauxrenard, et à l'ouest, par Avenas. Son chef-lieu est à 8.000 mètres environ de la gare de Belleville et à 5.000 mètres environ de celle de Romanèche. Son étendue est de 732 hectares et sa population de 606 habitants.

## Orographie.

La commune de Chiroubles possède un territoire extrêmement mouvementé, ainsi qu'en témoigne la vue ci-contre.

Le point le plus bas est à la cote 320 mètres et le plus élevé à la cote 782 mètres.

Les ruisseaux qui la sillonnent ont creusé plusieurs petites vallées orientées dans divers sens et qui ont donné naissance aux expositions les plus diverses sur lesquelles la vigne produit un vin de bonne qualité.

## Origine géologique.

Le sol arable a été constitué par la désagrégation de la roche granitique qui est injectée par plusieurs affleurements de granulite et de porphyrites micacées et amphiboliques.

Les terres sont légères et siliceuses ; quelques points dans les thalwegs des vallées sont silico-argileux.

## Reconstitution.

La surface plantée en vigne est de 295 hectares.

Après l'apparition du phylloxera, la défense par le sulfure de carbone fut pratiquée méthodiquement et, grâce à la perméabilité de la couche arable, la vigne française fut conservée un certain nombre d'années. Mais c'est de la commune de Chiroubles que partit le grand mouvement de la reconstitution des vignes françaises détruites par le phylloxera à l'aide des ceps américains.

Pulliat, le savant ampélographe, propriétaire-viticulteur à Temperé, près de Chiroubles, préconisa le premier le système de la greffe bouturé qui devait, quelques années plus tard, s'étendre et gagner toutes les régions viticoles de la France et de l'étranger, contaminées par ce terrible insecte ; il démontra par des conférences, par de multiples articles publiés dans la presse agricole et viticole et surtout par l'exemple que, seuls, les cépages américains, qui avaient importé le phylloxera en France, pouvaient sauver la viticulture de la ruine qui la menaçait au moyen du greffage de nos remarquables variétés de vignes françaises sur racines resistantes, seul procédé pratique et économique pour les perpétuer et leur donner une vitalité suffisante.

Ce système était d'autant plus précieux et solutionnait d'autant mieux la question qu'il est démontré aujourd'hui, malgré les affirmations erronées publiées par certains auteurs, que la greffe améliore le fruit et qu'elle augmente les qualités du vin.

À côté des Pulliat, des Sornay, des Bender, etc., nous signalerons un autre ouvrier de la première heure qui fut un fervent disciple de la reconstitution par la greffe et qui marcha résolument dans cette voie. Nous avons nommé M. Sylvestre, père de notre très sympathique ami, Claude Sylvestre, propriétaire-viticulteur et publiciste du Bois-d'Oingt.

M. Sylvestre père eut une foi si inébranlable dans le succès des vignes greffées et reconstitua si promptement et si admirablement ses plantations détruites par le phylloxera qu'il obtint la prime d'honneur décernée par le ministère de l'Agriculture, en 1885.

## Valeur des vins de Chiroubles.

Sur les coteaux ensoleillés de Chiroubles, la vigne donne un vin parfois un peu dur mais fruité, digestif et parfumé, titrant de 10 à 12 degré d'alcool. Il se fait très vite, acquiert toutes ses qualités en trois et quatre ans et les conserve plusieurs années. On trouve encore des vins de 1870, 1876 et 1878 fort bien conservés ; ces vins gagnent en arome ce qu'ils perdent en couleur, mais souvent la couleur subsiste d'une façon très satisfaisante.

Les meilleures cuvées se récoltent aux lieux dits suivants : les Rochaux, le Douby, Bel-Air, Grillemidi, le Moulin, Propières, les Combes, Poulet, les Targes, Fredière, Côte-Rôtie, les Côtes, les Bornes et le Bois ; son prix varie entre 60 et 80 francs l'hectolitre au sortir de la cuve. En vieillissant il prend du parfum, du bouquet et vaut de 100 à 130 francs l'hectolitre.

## Richesse du sol.

Le sol de la commune de Chiroubles contient peu d'azote, d'acide phosphorique et de chaux et, sauf sur quelques points, il est moyennement riche en potasse.

COMMUNE DE CHIROUBLES. — COTEAU

# COMMUNES DE REGNIÉ ET DURETTE

Les communes de Regnié et Durette font partie du canton de Beaujeu ; elles sont bornées : au sud, par Cercié et Quincié ; à l'est, par Ville-Morgon ; au nord, par Avenas, et, à l'ouest, par Lantigné.

La surface de Regnié est de 909 hectares et celle de Durette de 257 hectares. Le nombre des habitants pour Regnié est de 999 et pour Durette de 204. Ces deux communes sont essentiellement viticoles et desservies l'une et l'autre par le chemin de fer qui sillonne la vallée de l'Ardières, de Belleville à Beaujeu, et coupe la commune de Durette au point le plus bas.

## Orographie.

Le point le plus bas se trouve dans le thalweg de la vallée à la cote 228, proche du cours d'eau, et le plus élevé, à la limite de la commune d'Avenas, à la cote 850 mètres.

De ce point coule le ruisseau l'Ardevel, qui se jette dans l'Ardières. Les terrains inclinent généralement du nord-ouest au sud-est et du nord au sud, formant ainsi d'excellentes expositions pour la vigne.

## Formation géologique.

La roche granitique forme le substratum du sol de ces deux communes ; toutefois, le granite a été recouvert dans la partie basse par de nombreux paquets de cailloutis des plateaux et limons anciens.

On remarque, en outre, des filons de porphyrite micacée et amphibolique, de microgranulite, de granulite et de quartz manganèse, qui émergent dans les directions les plus diverses.

Les terres qui résultent de ce sous-sol géologique sont généralement siliceuses et très pourvues d'oxyde de fer. Leur profondeur moyenne varie de 40 à 60 centimètres.

## Surface plantée en vigne.

### *Qualité du vin.*

La surface plantée en vigne est : pour Regnié, de 575 hectares ; pour Durette, de 154 hectares, entièrement reconstituées.

Les vins sont excellents de la cote 235 à la cote 350 mètres.

Dans les années favorables à la vigne, ils sont fruités, corsés, riches en alcool et en extrait sec. Peu après la décuvaison, ils prennent du bouquet, du moelleux, ils s'affinent rapidement et font d'excellents grands ordinaires ; ceux de 1906 titrent 12 degrés et sont actuellement d'une finesse exquise.

Au nombre des bonnes cuvées signalons tout spécialement celles des vigneronnages des hospices de Beaujeu, du quartier de la Ronze, celles de la Grange Charton, de la côte de la Pierre, etc. Leur temps de garde est d'environ quinze ans.

La composition moyenne des terrains que nous avons analysés pour dresser la carte agronomique de ces deux communes a donné les résultats ci-après pour chacun des sols géologiques.

## Composition moyenne du sol pour chaque terrain.

| | Alluviens modernes | Cailloutis et limons anciens | Granite | Granulite |
|---|---|---|---|---|
| Poids du mètre cube  kg. | 2.564 | 2 595 | 2,600 | 2.502 |
| Graviers siliceux . p. 100. | 28,63 | 48,20 | 49,87 | 35,82 |
| — calcaires. — | » | » | » | » |
| Eau au maximum. — | 4,25 | 3,09 | 3,08 | 3.05 |
| Sels calcaires . . — | 0,82 | 0,72 | 1,17 | 1,12 |
| Humus . . . . — | 0,70 | 0,51 | 0,45 | 0,44 |
| Argile . . . . — | 8,49 | 5,76 | 4,69 | 5,18 |
| Sable siliceux . . — | 57,11 | 41,73 | 40,29 | 54,41 |
| Azote. . . . . p. 1000 | 0.40 | 0,32 | 0,33 | 0,33 |
| Acide phosphorique — | 0,50 | 0,48 | 0,83 | 0,38 |
| Potasse . . . . — | 0,59 | 0,49 | 0,61 | 0,44 |
| Sulfate de chaux . — | 0,66 | 0,39 | 0,35 | 0,37 |
| Oxyde de fer . . — | 17,98 | 12,75 | 14,95 | 13,05 |

## Résumé et conclusions.

En résumé, le sol arable de Regnié et de Durette est siliceux, le calcaire y fait défaut, il est pauvre en azote, en acide phosphorique, en potasse et en chaux.

Le coteau de Durette et de Regnié se prolonge dans la direction de l'Ardières à l'amont, jusqu'à Beaujeu, en passant par la commune de Lantignié.

Les terres, dans les expositions de cette dernière localité, ont une très grande analogie avec les premières, et les vins qu'on y récolte sont de très bonne qualité.

COMMUNES DE DURETTE-RÉGNIÉ. — COTEAUX.

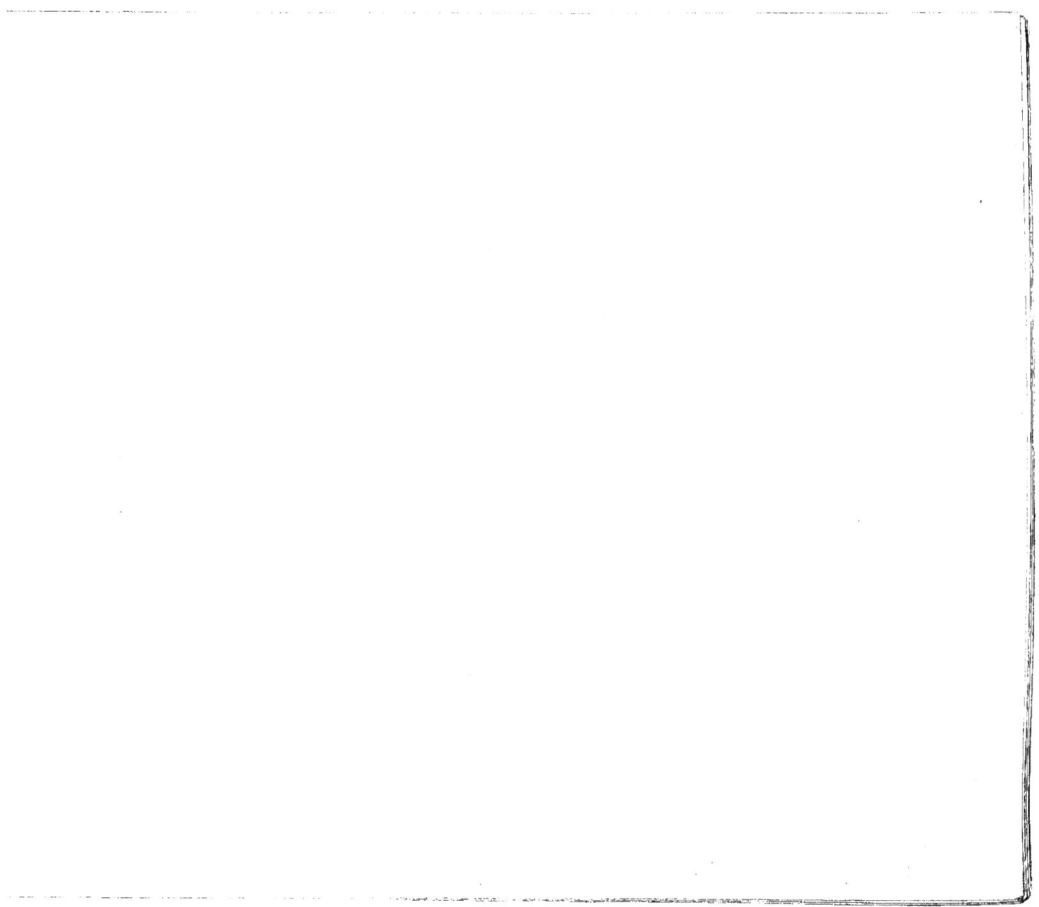

# COMMUNE DE QUINCIÉ

La commune de Quincié, qui fait partie du canton de Beaujeu, est limitée au sud par Saint-Etienne-la-Varenne et Odenas; à l'est, par Saint-Lager et Cercié; au nord-est, par Durette et Lantignié; à l'ouest, par Beaujeu et Marchampt et, au sud, par Vaux-sous-Montmelas.

Elle a une superficie totale de 2.197 hectares, et une population de 1.527 habitants; Quincié est desservi par le chemin de fer qui suit la vallée de l'Ardières de Belleville à Beaujeu (la voie longe la partie basse de la commune) et le chemin de fer départemental de Villefranche à Monsol traverse son territoire du sud-est au nord-ouest.

## Orographie.

Des bords de l'Ardières, à la cote 228, les terrains s'élèvent jusqu'à la limite sud de la commune de Vaux-sous-Montmelas, à la cote 732 mètres, et vers l'ouest, limite de Marchampt, jusqu'à la cote 608 mètres.

De ces divers points, tout le territoire incline jusqu'au thalweg de la vallée de l'Ardières.

Le ruisseau de Cherops, augmenté de quelques ruisselets, coule dans la direction sud-est et de l'ouest à l'est, formant de multiples dépressions qui aboutissent à l'Ardières.

Ces dépressions ont donné naissance à d'excellentes expositions pour la vigne.

## Formation géologique.

Le substratum sur lequel repose la couche cultivée est granitique dans la partie qui joint les communes de Vaux, Saint-Etienne-la-Varenne et Odenas;

La zone limitrophe de Marchampt et Beaujeu est formée par les schistes pyroxéniques et amphiboliques, cornes vertes, et par les tufs orthophyriques.

Proche de l'Ardières, on voit de nombreux paquets de cailloutis et limons anciens.

Les terres qui proviennent de ces diverses assises sont siliceuses et silico-argileuses; ces dernières sont très pourvues d'oxyde de fer, la profondeur moyenne de la couche arable est de 50 à 60 centimètres.

## Surface plantée en vigne. — Qualité des vins.

La surface plantée en vigne est de 686 hectares.

Les vins récoltés dans la commune de Quincié sont, en général, de bonne qualité, mais ceux qui proviennent des assises schisteuses tournées au sud sont supérieurs; un peu durs au sortir de la cuve, ils sont riches en couleur, fruités et spiritueux.

Dans les années favorables à la vigne, ils titrent 11 et 12 degrés d'alcool; ils sont de longue garde, puisqu'ils durent de quinze à vingt ans.

Ils se vendent, suivant l'âge et l'année, de 60 à 80 francs l'hectolitre. Citons parmi les meilleures cuvées celles des quartiers de Saint-Cyr, Vitry, la Roche, le Souzy, etc.

## Composition moyenne des terres.

Il existe une très grande analogie entre les terres de la commune de Quincié et celles des communes d'Odenas et de Morgon, notamment pour la zone schisteuse et granitique; elles contiennent de faibles doses d'azote, d'acide phosphorique et de chaux, mais sont mieux pourvues en potasse.

COMMUNE DE QUINCIÉ. — SAINT-CYR.

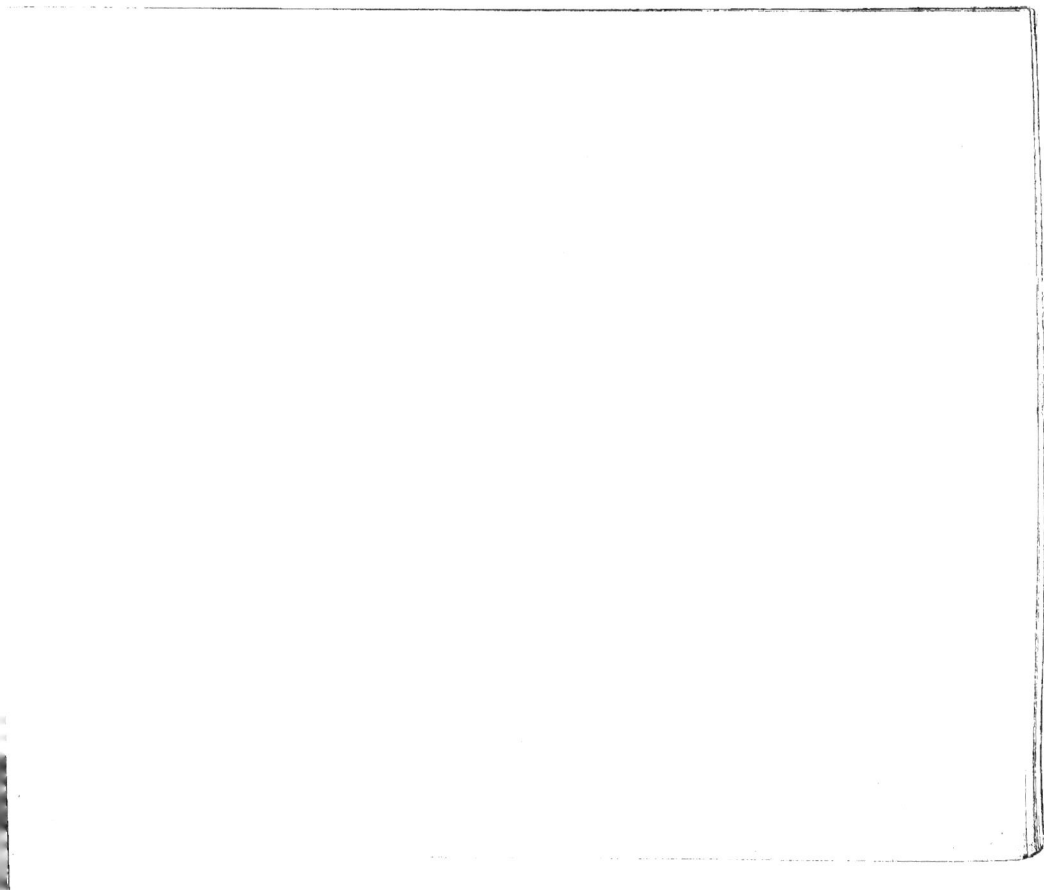

# COMMUNE DE SAINT-ÉTIENNE-LA-VARENNE

La commune de Saint-Etienne-la-Varenne, représentée par les deux vues ci-contre, fait partie du canton de Belleville.

Elle est bornée : au nord, par Quincié et Odenas; à l'est et au sud-est, par Saint-Etienne-des-Ollières; au sud et au sud-ouest, par la commune de Vaux.

Sa surface totale est de 645 hectares, et sa population de 662 habitants. Elle est desservie par le chemin de fer départemental qui relie Villefranche à Beaujeu et à Monsols.

### Orographie.

Le point le plus bas se trouve au sud de la commune, à la cote 300 mètres, vers la grange Manon.

De ce point, le territoire s'élève vers l'ouest jusqu'à la cote 730 mètres, qui est à la Croix-de-la-Sablière et, du même point, dans la direction du nord, jusqu'à la cote 620 mètres qui se trouve au-dessus du Vernay.

Trois petits ruisseaux : le Falcon, le Tircon et le Marévre, qui coulent du nord-ouest au sud-est, ont creusé des vallées peu profondes sur les flancs desquelles on trouve de belles expositions pour la culture de la vigne.

### Formation géologique.

La roche sous-jacente, qui, en s'effritant, a constitué la couche cultivée, est granitique. Elle est injectée dans la direction du nord-est au sud-ouest par plusieurs filons de porphyrites micacées et amphiboliques.

La terre est partout siliceuse et légère; l'épaisseur de la couche remuée est de 40 à 50 centimètres environ.

### Surface plantée en vigne. — Qualité du vin.

La surface occupée par le précieux arbrisseau est de 307 hectares, son produit est agréable et assez recherché. Quand les plantations inclinent vers le sud et le sud-est, le vin est supérieur.

Nous signalerons tout spécialement le coteau de Combiaty, au-dessus de la Tour. Puis viennent les expositions de Laroche, le Bourg, la Prat, le Carra, le Bluizard, les Tours.

Les vins de Saint-Etienne-la-Varenne sont tendres, fruités, bons à boire peu après la décuvaison; ils se font, du reste, très vite, et, dès la deuxième ou la troisième année ils ont acquis toutes leurs qualités : ils sont fins, digestifs, moelleux et bouquetés, leur durée est de huit à dix ans, et leur valeur marchande, suivant l'âge et l'année, oscille entre 60 et 80 francs l'hectolitre.

### Richesse du sol.

Le sol agricole de Saint-Etienne-la-Varenne est très pauvre en calcaire, manque d'azote et d'acide phosphorique, et contient des doses moyennes de potasse.

Les amendements calcaires apportés par le chaulage ou le plâtrage sont de la plus grande utilité pour mobiliser la potasse des roches feldspathiques sous-jacentes et rendre solubles les phosphates insolubles du sol.

Nous donnons ci-après la composition moyenne des terres résultant des analyses que nous avons faites pour dresser la carte agronomique de la commune.

| | | |
|---|---|---|
| Cailloux siliceux | p. 100 | 57,0 |
| — calcaires | — | 0,0 |
| Humus | — | 1,34 |
| Calcaire | — | 0,27 |
| Argile | — | 1,48 |
| Sable | — | 39,91 |
| Azote | p. 1000 | 0,35 |
| Acide phosphorique | — | 0,53 |
| Potasse | — | 0,81 |

SAINT-ÉTIENNE-LA-VARENNE — LA TOUR. COTEAU DE COMBIATY

SAINT-ÉTIENNE-LA-VARENNE. — LE BLUIZARD.

# COMMUNE DU PERRÉON

La commune du Perréon, vue ci-contre, fait partie du canton de Villefranche.

Elle est bornée : au sud, par Vaux, dont elle a été détachée naguère ; à l'est, par Saint-Etienne-la-Varenne ; au nord, par Quincié et Marchampt, et, à l'ouest, par Claveisolles. Sa surface totale est de 1.781 hectares, et sa population de 1.199 habitants.

Le Perréon est desservi directement par le chemin de fer qui va de Villefranche à Beaujeu et Monsols. La voie coupe la partie basse de la commune, à la cote 265 mètres.

## Orographie.

Comme le territoire de Vaux, celui du Perréon incline vers la rivière la Vauxonne, qui coule de l'ouest à l'est et se jette dans la Saône.

Il forme une sorte d'entonnoir dont le point le plus bas est à la cote 270 mètres. De ce point, le sol s'élève jusqu'à la limite de Quincié, à la cote 732 mètres et vers la limite de Claveisolles, qui se trouve à la cote 785 mètres. De ces sommets coulent quatre ruisseaux : ceux de la Combe, de Chardillier et du Rozier ; le dernier, le plus faible, n'a pas de nom. Les vallonnements qu'ils ont creusés sont très favorables à la vigne.

## Formation géologique.

Le sous-sol géologique, qui a constitué, en s'effritant, la couche arable cultivée, est d'origine granitique ; quelques filons de schistes micacés et maclifères, de quartz manganèse et de microgranulite le coupent dans divers sens.

Les terres qui proviennent de l'effritement de ces assises sont siliceuses.

## Surface plantée en vigne. — Qualité des vins.

La surface plantée en vigne est de 450 hectares. Le vin récolté est plus tendre que celui de la commune de Vaux ; il est fruité et agréable à boire, se fait très vite et acquiert toutes ses qualités en deux ou trois ans, mais ne les conserve pas au delà de sept ou huit, sauf dans les années très chaudes où il dure un peu plus et titre de 10 à 12 degrés d'alcool.

Sa valeur marchande oscille entre 60 et 80 francs l'hectolitre, suivant qualité et âge.

## Richesse du sol.

Le sol du Perréon manque d'azote, d'acide phosphorique et de chaux ; il contient des doses moyennes de potasse.

COMMUNE DU PERRÉON. — VILLAGE ET COTEAUX.

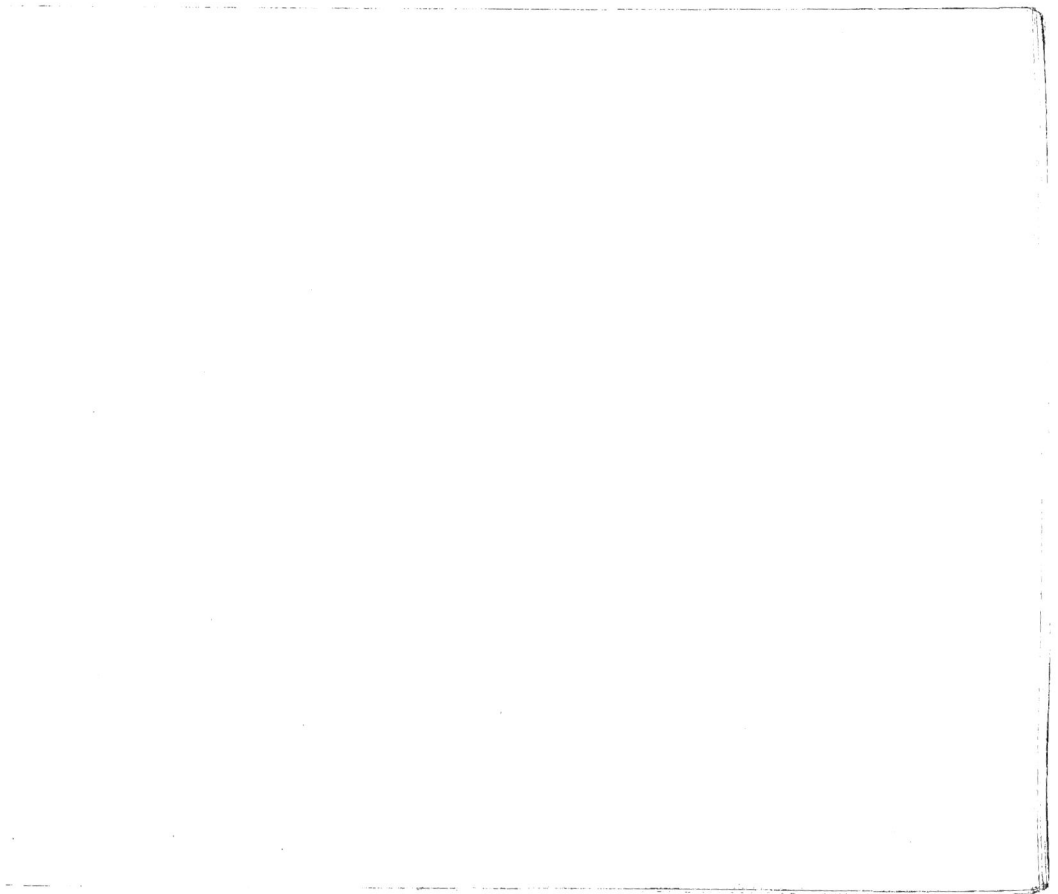

# COMMUNE DE VAUX

La commune de Vaux fait partie du canton de Villefranche ; elle est bornée : au nord, par le Perréon ; à l'est, par Arbuissonnas et Salles ; au sud, par Blacé, Montmelas, Saint-Sorlin et Rivollet : à l'ouest, par Saint-Cyr, le Châtoux et Lamure.

Sa superficie est de 1.781 hectares.

Sa population, de 998 habitants.

Le chemin de fer départemental de Villefranche à Beaujeu et Monsols la dessert.

### Orographie.

La presque totalité des terres de la commune de Vaux incline vers la rivière la Vauxonne qui coule du sud-ouest au nord-est, dans le thalweg d'une large vallée. A droite et à gauche de son lit, on rencontre les expositions les meilleures pour la culture de la vigne.

La partie basse est à la cote 275 ; de là, le sol s'élève jusqu'à la cote 615, à l'ouest (limite de Lamure) ; à la cote 648, au sud (limite de Rivollet) et à la cote 465 (limite de Blacé).

### Formation géologique.

Le substratum de la commune de Vaux est composé d'une multitude de roches.

Dans la partie basse le granite domine avec filons de porphyrites micacées et amphiboliques.

Vers la partie moyenne, au-dessus du village de Vaux, les schistes micacés, maclifères, les schistes pyroxéniques et amphiboliques sont abondants. Enfin, vers le point le plus élevé, limite de Lamure, les tufs orthophyriques sont nombreux.

Les terres issues de l'effritement de ces diverses roches sont siliceuses et silico-argileuses.

L'épaisseur de la couche remuée varie, avec la culture pratiquée, de 20 à 30 centimètres.

### Surface plantée en vigne. — Qualité des vins.

La surface plantée en vigne est de 420 hectares, les expositions sud et sud-est qui sont couvertes par le précieux arbrisseau donnent partout un vin de très bonne qualité et fort apprécié : tendre et fruité dans la zone granitique, il est plus dur dans la partie schisteuse, mais s'affine en vieillissant et conserve ses qualités plus longtemps. Son prix de vente oscille, suivant l'année et l'âge, entre 50 et 80 francs l'hectolitre.

### Richesse du sol.

Il résulte des analyses qui ont été faites pour la carte agronomique de cette commune que le sol arable de Vaux est siliceux et silico-argileux. Sur quelques points, pauvre en azote et en chaux, il contient des doses moyennes d'acide phosphorique et a suffisamment de potasse.

## Composition moyenne du sol pour chaque terrain :

| | Granite. | Micro-granulite. | Tufs orthophy-riques. | Grès et poudingues houillers. | Schistes pyroxéniques et amphiboliques |
|---|---|---|---|---|---|
| Graviers siliceux . . . . . pour 100 | 53 70 | 54 20 | 61 » | 65 30 | 59 70 |
| — calcaires . . . . . — | » | » | » | » | » |
| Humus et matières organiques — | 2 58 | 2 80 | 3 07 | 1 73 | 2 08 |
| Calcaire . . . . . . . — | 0 29 | 0 32 | 0 28 | 0 20 | 0 30 |
| Argile . . . . . . . . — | 1 01 | 0 97 | 1 14 | 0 90 | 0 95 |
| Sables siliceux. . . . . . — | 38 77 | 38 52 | 34 51 | 29 68 | 33 96 |
| Azote . . . . . . . pour 1.000 | 0 33 | 0 27 | 0 18 | 0 23 | 0 27 |
| Acide phosphorique . . . . — | 1 27 | 0 97 | 0 77 | 0 53 | 0 91 |
| Potasse . . . . . . . — | 2 05 | 1 95 | 1 43 | 1 43 | 1 83 |

COMMUNE DE VAUX — VILLAGE ET COTEAUX.

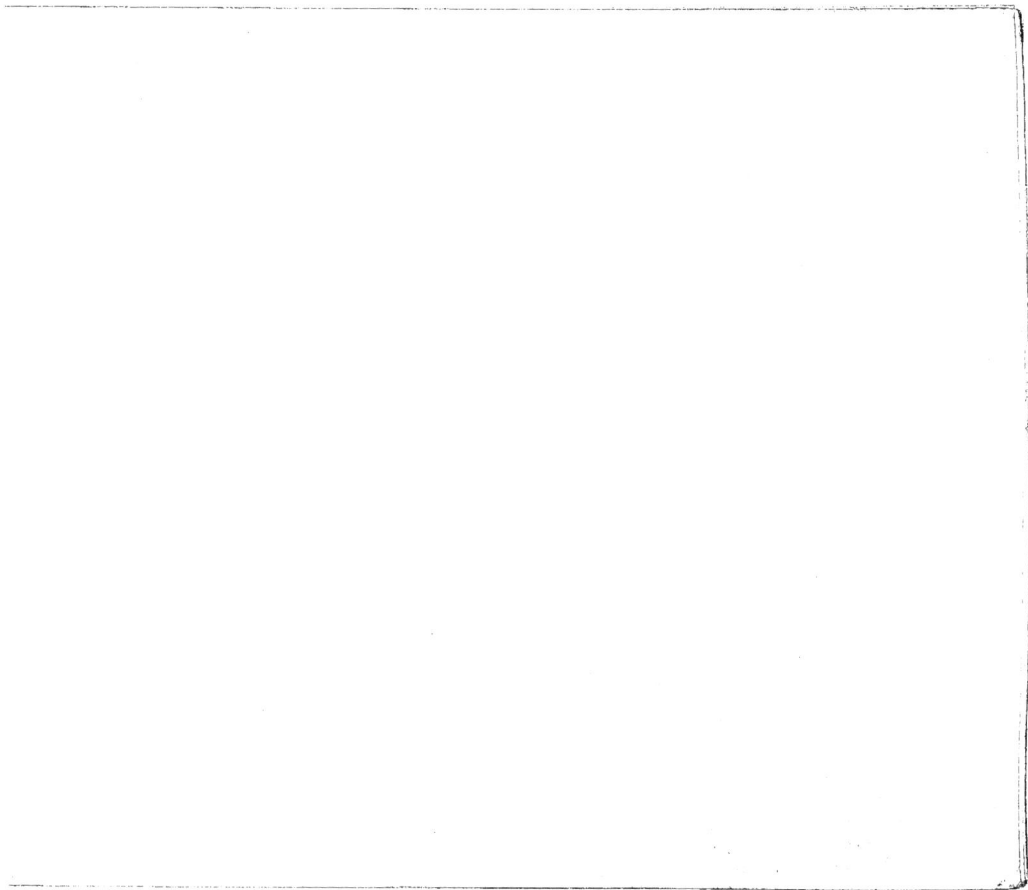

# COMMUNE DE THEIZE

La commune de Theizé fait partie du canton du Bois-d'Oingt, arrondissement de Villefranche.

Elle est limitée : à l'est, par Lachassagne et Anse ; au nord, par Pouilly-le-Monial, Jarnioux et Ville-sur-Jarnioux ; à l'ouest, par Oingt et, au sud, par Moiré, Frontenas et Alix ; son étendue est de 1.191 hectares et sa population de 1.019 habitants. Elle est desservie par un réseau de très bonnes routes et par le chemin de fer départemental de Villefranche à Tarare, qui coupe son territoire en deux parties.

## Orographie.

Le point le plus bas du territoire de Theizé se trouve à la cote 303, à la limite de Pouilly-le-Monial. Du thalweg du ruisseau le Merlon, qui coule à l'est de la commune et qui vient de la partie élevée de Theizé, pour se jeter dans le ruisseau l'Ombre, et plus loin, dans le Morgon, le sol s'élève jusqu'à la cote 550 mètres. Les terrains inclinent vers le sud, le sud-est et l'est, constituant d'excellentes expositions pour la vigne.

## Formation géologique.

Les terres cultivées de la commune de Theizé ont été constituées par l'effritement des calcaires à entroques, des assises du lias supérieur, moyen et inférieur, et des marnes irisées. Dans la partie basse, proche du Merlon, à la limite de Frontenas et de Pouilly-le-Monial, se trouve une zone de cailloutis et limons anciens ; le sol y est siliceux et caillouteux, alors qu'ailleurs il est silico-calcaire et argilo-calcaire.

## Surface plantée en vigne. — Valeur des vins.

La vigne est la culture principale de la commune de Theizé, elle couvre 700 hectares. Toutes les expositions au sud, au sud-est et à l'est donnent un produit d'excellente qualité ; mais, comme tous les vins récoltés dans les régions riches en chaux, ceux de Theizé n'ont pas la finesse de sève des vins du Beaujolais. Ils sont corsés, riches en couleur et en extrait sec suivant les années et les expositions, titrent de 10 à 13 degrés d'alcool, ont de la vinosité, sont francs de goût, bouquetés et très agréables au palais. En tonneau et en bouteille ils s'affinent vite et, à leur sixième année, ils sont parfaits ; leur durée, selon l'exposition, varie de vingt à quarante ans.

Au nombre des très bonnes cuvées, nous signalerons celles qui proviennent des lieuxdits suivants : le Crux, Chassagne, Ruissel, Piccolette, etc.

Leur valeur marchande oscille, au décuvage, entre 40 et 60 francs l'hectolitre, suivant qualité ; elle est notablement supérieure quand ils ont pris de l'âge.

## Richesse du sol.

On peut adopter, pour établir des fumures à appliquer à la vigne dans la commune de Theizé, les analyses des terres de Jarnioux, commune limitrophe dont le substratum est de même origine.

En général, les terres sont peu riches en azote, moyennement pourvues de potasse et d'acide phosphorique et riches en chaux.

COMMUNE DE THEIZÉ — COTEAU DU VILLAGE.

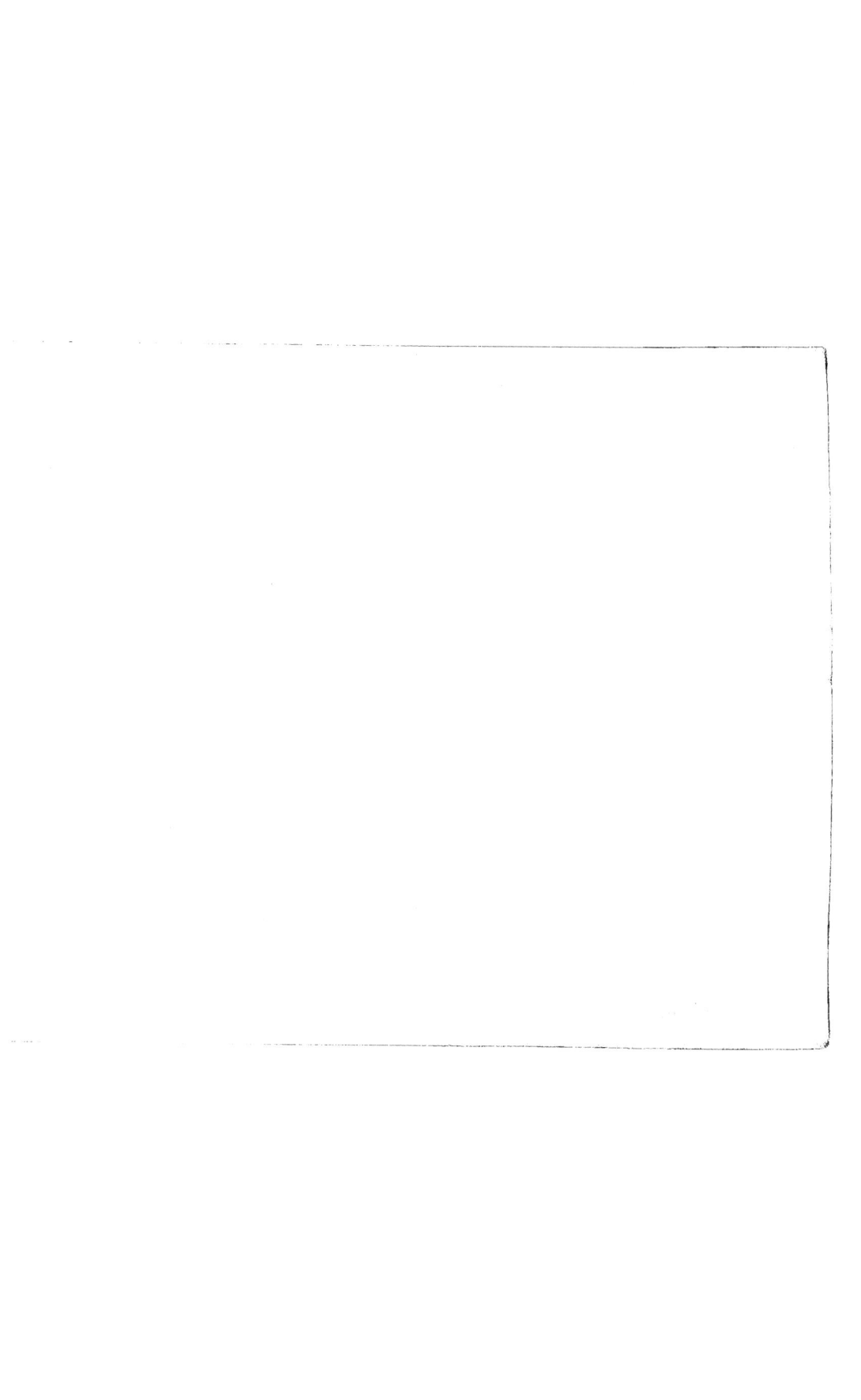

# COMMUNE DE LIERGUES

La commune de Liergues fait partie du canton d'Anse. Elle est bornée : au nord, par les communes de Gloizé et Lacenas ; à l'est, par celle de Pommiers ; à l'ouest par Jarnioux et Pouilly-le-Monial ; au sud, par Theizé. Sa surface est de 530 hectares et sa population de 735 habitants. Elle est desservie par de très bonnes routes et par le chemin de fer de Villefranche à Tarare qui coupe son territoire à l'ouest.

## Orographie.

Les terrains de Liergues inclinent de l'ouest vers l'est dans la direction du thalweg, du ruisseau le Merloup qui sillonne la commune dans la direction du sud au nord. Ce ruisseau coule au pied de la côte de Challier, sorte d'arête formée par les assises du jurassique inférieur.

La partie du territoire qui s'étend à l'ouest, vers Jarnioux et Pouilly-le-Monial, est assez ondulée. Le point le plus bas est à la cote 212 et le plus élevé à la cote 309, sommet de Challier.

## Formation géologique.

La presque totalité du territoire de la commune de Liergues repose sur les cailloutis des plateaux et les limons anciens. A l'est, se trouve la côte de Challier dont le substratum est formé par le calcaire à entroques et la terre à foulon.

Dans les cailloutis et limons anciens, la couche cultivée est siliceuse ; dans la côte de Challier, elle est silico-calcaire et argilo-calcaire.

## Surface plantée en vigne. — Valeur du vin.

La vigne couvre 393 hectares, soit la presque totalité des terres cultivées. Dans la partie plane, elle donne un vin tendre et agréable à boire qui acquiert très vite toutes ses qualités.

Sur les parties ensoleillées de la côte de Challier, il est dur au sortir de la cuve, mais de très longue garde. Riche en couleur, en extrait sec et en alcool, surtout dans les années favorables à la vigne, il s'affine et prend du moelleux en vieillissant.

## Richesse du sol.

Il résulte des analyses qui ont été faites pour la carte agronomique que le sol est d'une richesse très moyenne dans la zone des cailloutis et limons anciens, peu riche en azote, mais assez pourvu d'acide phosphorique et de potasse dans la côte de Challier.

## Composition moyenne du territoire de Liergues.

|  |  | Cailloutis et limons anciens. | Calcaire à entroques et terre à foulon |
|---|---|---|---|
| Cailloutis calcaires | pour 100. | 1 52 | 13 06 |
| — siliceux | — | 26 80 | 3 77 |
| Eau | — | 4 12 | 6 13 |
| Humus | — | 0 59 | 0 21 |
| Sels calcaires | — | 2 81 | 9 44 |
| Argile | — | 7 57 | 10 57 |
| Sable | — | 54 90 | 52 28 |
| Azote | pour 1.000. | 0 763 | 0 88 |
| Acide phosphorique | — | 0 731 | 1 116 |
| Potasse | — | 2 16 | 2 42 |
| Sulfate de chaux | — | 0 61 | 0 85 |
| Sesquioxyde de fer | — | 10 03 | 9 06 |

COMMUNE DE LIERGUES — COTE DE CHALLIER.

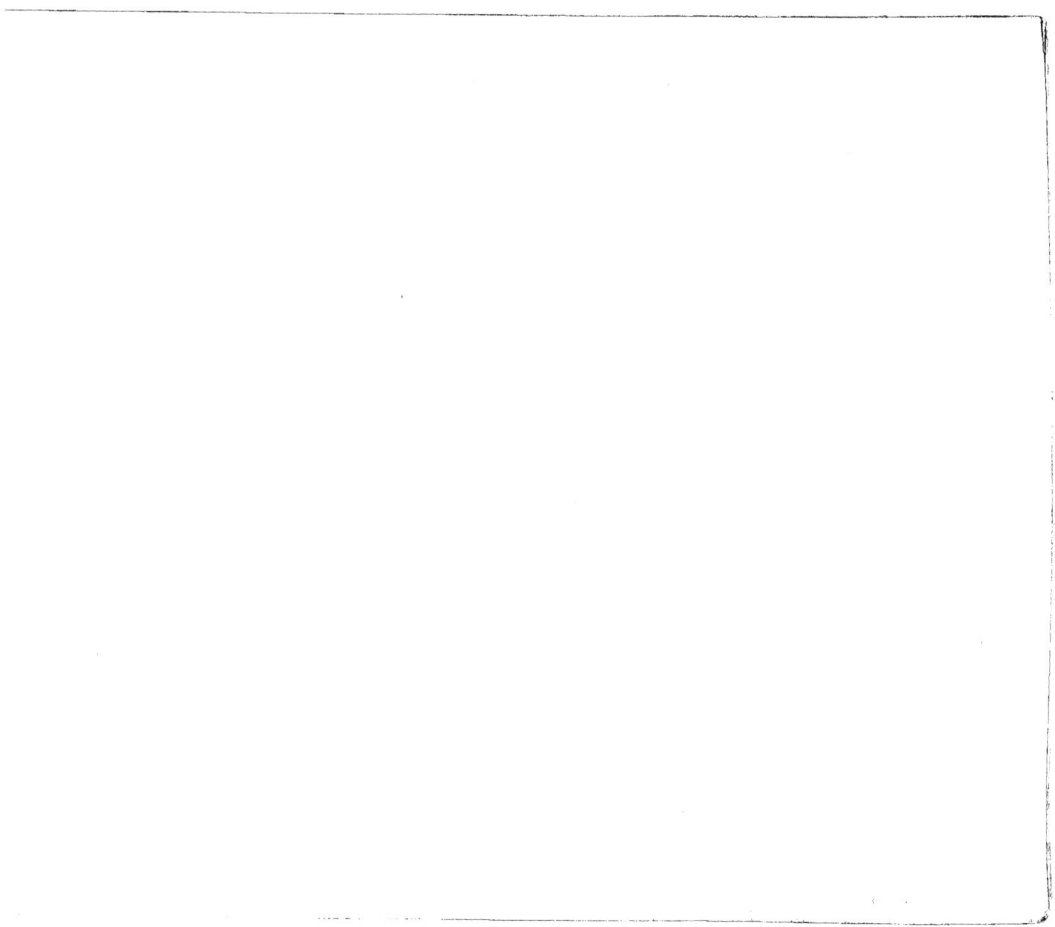

# POMMIERS BUISANTE

La commune de Pommiers fait partie du canton d'Anse. Elle est bornée : au nord, par les communes de Limas et Gleizé ; à l'ouest, par celle de Liergues, et à l'est et au sud, par celle d'Anse ; d'excellents chemins la desservent et la gare est à 3 kilomètres du chef-lieu. Sa superficie est de 775 hectares.

## Orographie.

Le territoire de Pommiers est traversé du sud au nord par le ruisseau de la Galoche, qui a creusé une vallée assez profonde.

Du thalweg de la vallée le sol s'élève vers l'est jusqu'au sommet du Buisante, qui est à la cote 350 mètres environ ; de là le terrain incline vers l'est et le sud-est.

De ces diverses ondulations sont nées de très bonnes expositions pour la vigne.

## Formation géologique.

Le sous-sol géologique qui forme l'assiette des terres cultivées est constitué par un lambeau de cailloutis et limons anciens, situé au nord-est de la commune, puis par des assises appartenant à la grande oolithe, la terre à foulon, les grès bigarrés et calcaires magnésiens et les micaschistes amphiboliques. La couche arable qui en résulte est siliceuse, silico-calcaire et argilo-argileuse.

## Surface plantée en vigne.

L'étendue plantée en vigne est de 480 hectares. La qualité du vin récolté varie selon l'exposition. Dans les pentes tournées au sud et au sud-est il est très bon, tendre dans la zone occupée par les grès, plus dur dans la partie calcaire et, dans les années favorables à la vigne, corsé riche en alcool et en extrait sec.

En vieillissant, il prend du moelleux et du bouquet ; sa durée est de huit à dix ans.

La côte de Buisante fournit les meilleures cuvées.

## Richesse du sol.

Les analyses chimiques de la carte agronomique de Pommiers montrent que le sol est peu riche en azote et en acide phosphorique, et qu'il contient des doses suffisantes de potasse.

## Composition moyenne du sol.

| | | |
|---|---|---|
| Poids du mètre cube | kg. | 2.568 |
| Cailloux calcaires | pour 100. | 7 77 |
| Cailloux siliceux | — | 23 60 |
| Eau | — | 5 74 |
| Humus | — | 0 33 |
| Sels calcaires | — | 6 37 |
| Argile | — | 21 08 |
| Sable | — | 30 52 |
| Azote | pour 1.000 | 0 62 |
| Acide phosphorique | — | 0 69 |
| Potasse | — | 2 56 |
| Sulfate de chaux | — | 2 » |
| Oxyde de fer | — | 23 07 |

COMMUNE DE POMMIERS. — COTEAU DE BUISANTE.

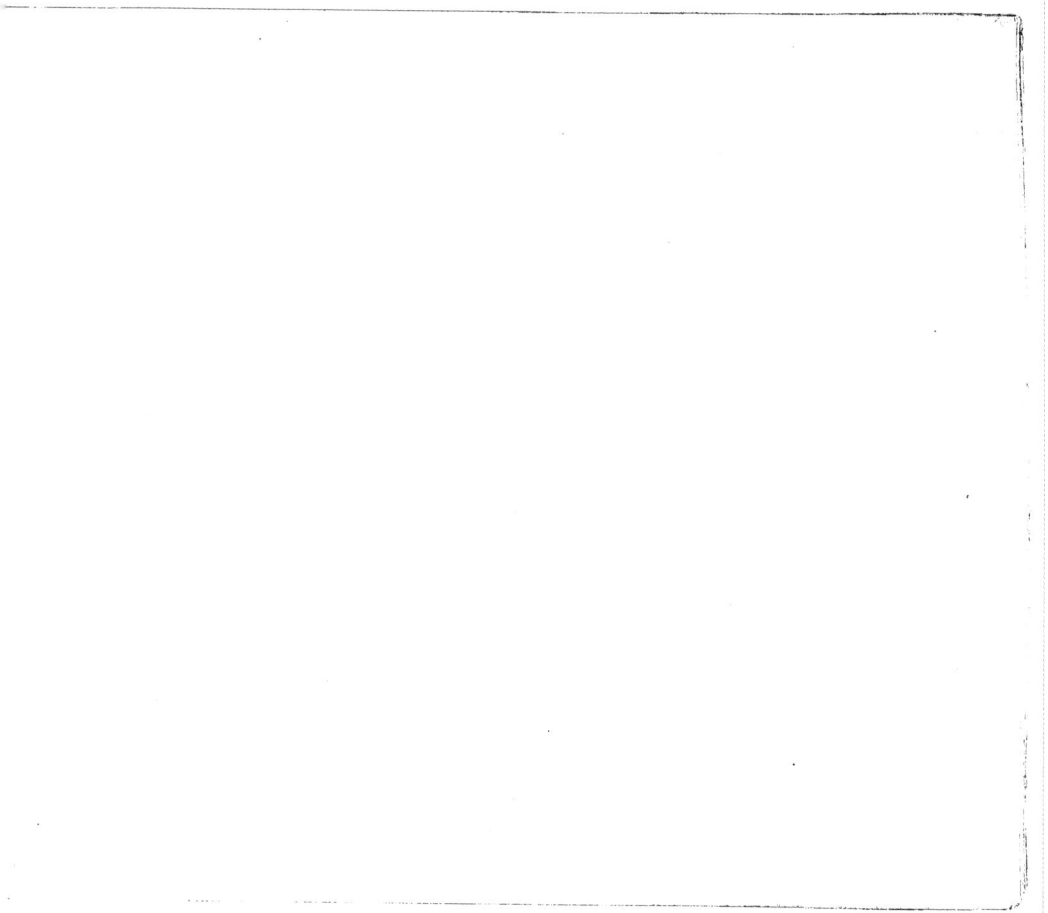

# COMMUNE D'ANSE

La commune d'Anse est le chef lieu du canton de ce nom; elle est bornée : au nord, par Villefranche, Limas et Pommiers ; à l'ouest, par Theizé; au sud, par Lachassagne et Lucenay, et, à l'est, par Ambérieux et la rivière la Saône. Sa superficie est de 1.532 hectares et sa population est de 1.934 habitants. Elle est à 1.000 mètres de la gare (ligne de Lyon à Paris).

## Orographie. Formation géologique.

Le sol de cette localité repose, dans la partie basse et plane, sur les alluvions anciennes et modernes de la Saône et les cailloutis des plateaux.

Ces dépôts commencent à la cote 168 mètres, proche de la rivière, pour se terminer au pied du coteau, à la cote 180 mètres. A partir de ce point, le terrain s'élève jusqu'à la cote 310 mètres environ, qui se trouve au sommet du soulèvement jurassique que nous avons signalé en décrivant les terres de Lachassagne.

La couche cultivée résulte de l'effritement des assises du trias et de celles du jurassique inférieur.

Les terres issues des alluvions modernes et anciennes, et des cailloutis des plateaux, sont siliceuses et silico-argileuses.

Celles du coteau sont silico-calcaires et argilo-calcaires.

## Valeur des vins.

L'étendue plantée en vigne est de 372 hectares entièrement reconstitués.

Comme le coteau d'Anse, orienté du nord au sud, présente de nombreux plissements de terrain ; les plantations inclinent vers l'est, le sud-est et le sud. Ces deux dernières expositions sont éminemment favorables à la vigne.

Le vin qu'on y récolte est riche en couleur, fruité et spiritueux. Très légèrement dur au sortir de la cuve, dans les années chaudes notamment, il s'affine promptement et, à la huitième ou dixième année de tonneau et de bouteille, il est moelleux, bouqueté et susceptible de satisfaire pleinement l'œil et le palais des plus fins connaisseurs.

Dans les bonnes années, sa durée est de vingt ans; sa valeur marchande, à la récolte, est de 35 à 50 francs l'hectolitre ; quand il a quelques années de tonneau, il dépasse souvent 55 et 65 francs.

Au nombre des très bonnes cuvées, nous citerons celles de la cote de Bassieu, des Pothières, etc., etc.

## Richesse du terrain.

Il résulte des analyses des sols similaires à ceux de la commune d'Anse que les terres de la partie basse sont moyennement riches en azote, pauvres en acide phosphorique, en potasse et en chaux. Dans le coteau, elles sont riches en chaux, mieux pourvues en acide phosphorique et en potasse, mais contiennent peu d'azote.

COMMUNE D'ANSE. — COTEAU DE BASSIEU.

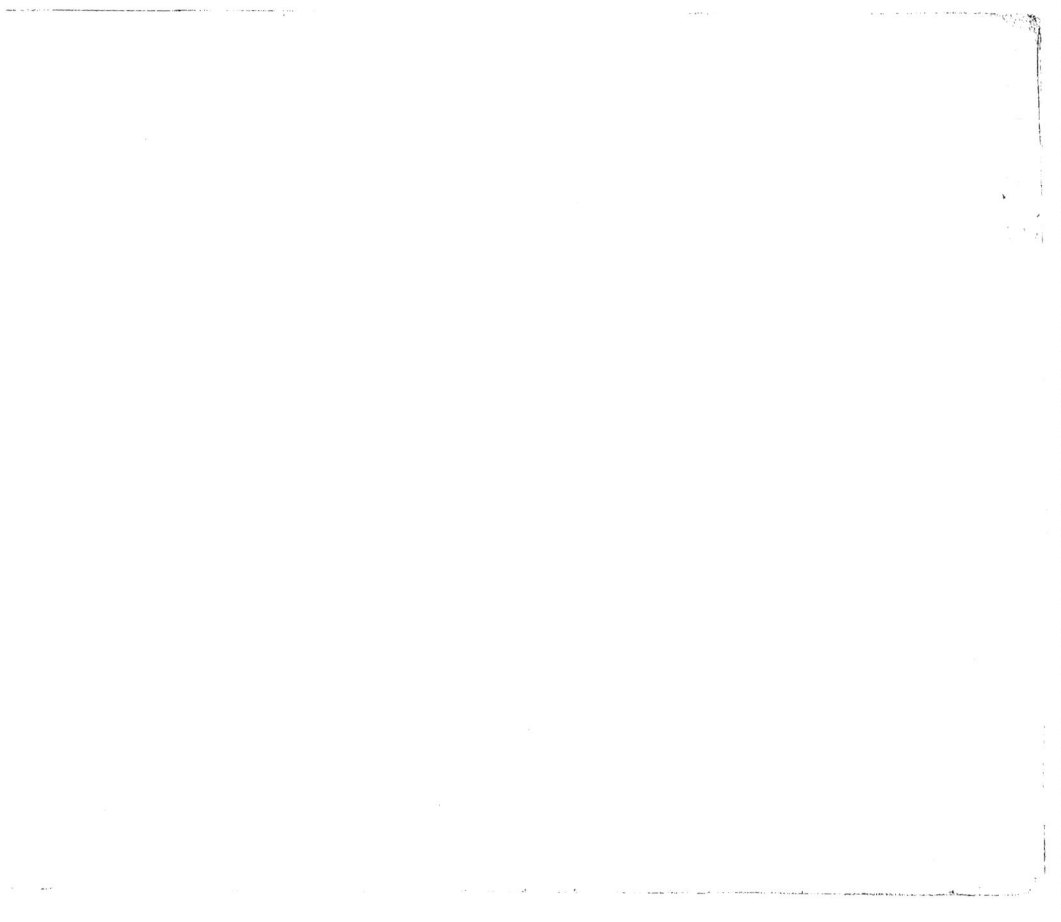

# CONDRIEU

Le département du Rhône produit peu de vin blanc. Le seul cru intéressant à signaler est celui de Condrieu, chef-lieu de canton de ce nom.

Situé à l'extrême sud, sur la rive droite du Rhône, le vignoble de Condrieu se prolonge jusque dans le département de la Loire. Son origine, fort ancienne, remonterait à l'époque de l'occupation romaine.

La commune, limitée : au nord, par Longes et les Haies ; à l'est, par Tupins-Semons ; au sud, par le Rhône, et à l'ouest, par le département de la Loire, a une étendue de 943 hectares, possède 2.041 habitants et est desservie par le chemin de fer de la ligne de Lyon au Teil.

## Orographie.

Le territoire de Condrieu s'étend de la cote 147 mètres, située au bord du fleuve, jusqu'au chef-lieu de la commune ; de là, il s'élève en pente rapide vers le nord, constituant plusieurs coteaux, dont la surface est disposée en terrasses soutenues par des petits murs d'un aspect fort pittoresque ainsi qu'en témoignent les vues ci-contre.

Ces terrasses sont complantées en vignes et en arbres fruitiers.

Du sommet des coteaux le terrain continue à monter jusqu'à la cote 431 mètres, près de Longes.

Les ruisseaux de Bassenon et de l'Arbuel, qui descendent des parties élevées, ont creusé deux vallées profondes sur les flancs desquelles se trouvent d'excellentes expositions pour la vigne.

## Sous-sol géologique.

Le sous-sol géologique, de la limite du fleuve au chef-lieu de la commune de Condrieu, a été constitué par les alluvions anciennes et modernes ; celui du coteau et de la partie supérieure repose sur les schistes chloriteux et sériciteux inférieurs et les micaschistes granulitiques. Plusieurs filons de granulite coupent les assises précédentes du nord-est au sud-ouest.

## Surface plantée en vigne.

La surface totale plantée en vigne est de 140 hectares. La majeure partie est couverte par le viognier, seul cépage produisant le vin blanc de Condrieu.

Le raisin du viognier doit être cueilli extrêmement mûr ; dès qu'il a été foulé et pressuré, le moût qui en résulte est mis en tonneau jusqu'au moment où le dépôt est tombé au fond ; alors on le débourbe et on le place dans un deuxième tonneau bien muté. Ces opérations sont suivies de plusieurs soutirages, en laissant toutefois entre chacun d'eux le temps nécessaire à l'éclaircissement du vin. Aussitôt les derniers soutirages exécutés, on procède au collage du vin qui, devenu d'une très grande limpidité, est déposé dans une bonne cave jusqu'au mois de mars suivant, époque où on le soutire pour le mettre en bouteille et le livrer au commerce, car le vin de Condrieu est d'ordinaire consommé dans le courant de l'année qui suit la récolte. Il se vend de 150 à 200 francs l'hectolitre.

Les meilleures cuvées proviennent du château Grillet (Loire) ; puis viennent celles de Chéry, de Vernon et de Bassenon ou cote de Châtillon (dans le Rhône), proche de Condrieu.

Le vin du viognier, d'une très grande limpidité, est liquoreux, de saveur délicate et exquise, spiritueux et chaud ; ses effets sont bienfaisants sur l'organisme, à condition qu'on le consomme avec modération.

En vieillissant il se modifie, devient sec et prend de l'analogie avec le madère. Sa durée est limitée ; cependant le vin des très bonnes cuvées du château Grillet se conserve au delà de quinze ans.

## Richesse du sol du coteau.

La couche cultivée, dans le coteau et la partie supérieure de la commune, est siliceuse, d'une fertilité très moyenne ; elle manque d'azote, d'acide phosphorique et de chaux, mais elle est assez pourvue de potasse.

La partie située en plaine, des bords du Rhône au chef-lieu de la commune, est très riche et d'une grande profondeur ; l'analyse y décèle partout une dose élevée de tous les éléments utiles aux plantes cultivées.

Comme à Ampuis, la plaine de Condrieu est couverte par des espèces fruitières, dont le produit d'une très grande réputation s'exporte dans les régions du Nord de la France et à l'étranger.

C'est à Condrieu qu'a été installé, en 1908, le premier frigorifique agricole pour la conservation du fruit. Les expériences qui y ont été faites ont été des plus concluantes.

COMMUNE DE CONDRIEU. — COTEAU DE VERNON.

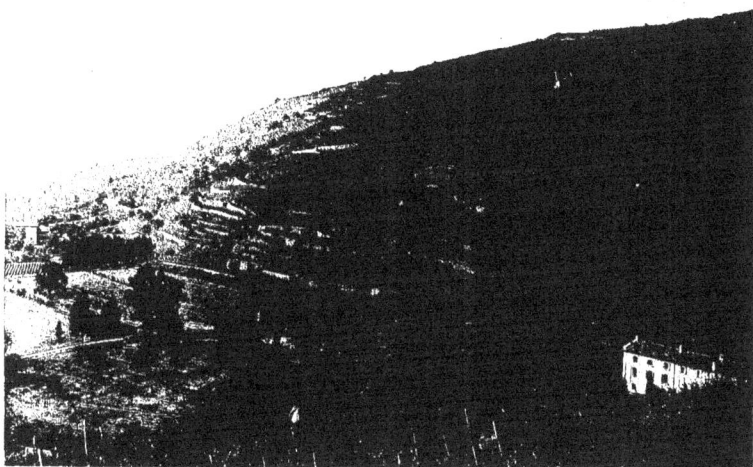

CONDRIEU. — COTEAU DE BASSENON.

A. Rey
Lyon